古地圖は歴史の証言者

大東亜戦争と災害を語る

菊地正浩 著
Masahiro Kikuchi

暁印書館

はじめに

戦後75年を迎えようとしている今日、戦争体験については先輩の方々が数多く記述し、語り継ぎをされている。マスコミも色々な角度から多くの報道をしてきた。しかし、当時の子供達が体験した記述は多くない。当時、国民学校（昭和16年～21年の間の名称）は閉校となり、原則8才（数え年）以上の「少国民」は学童疎開により親元を離れ、田舎にいた。

東京大空襲が起こり、8才以下は親子で亡くなったか、生き残っても孤児となった。学童疎開していた子供達は、東京に戻っても親や親戚も死亡しており、孤児となった。多くの孤児達は、上野駅ガード下などに住み付き、靴磨き、スリ、カッパライ等で命を繋いだ。やがて、トラックに積み込まれ収容所へと連れて行かれた。戦後、NHKラジオで一大ブームとなった、「鐘の鳴る丘」を思い出す人も多いだろう。

あの日、そしてその前後の日々を、どうしても記録し、語り継がねばならないと思った。空襲時に見聞した悲惨な光景、遠くまで見渡せた焼け跡のことを残したいと思った。筆者の手許には苦労して作製された、多くの古地図がある。まさに「歴史の証言者」である。

また、明治維新前後から欧米に追い付け追い越せと、大東亜共栄圏構想により、総力を挙げて海外に出兵した。中国、朝鮮半島、東南アジア諸国へ植民地解放という美名のもと、侵攻して、戦争が行われた。国家総動員令による富国強兵、殖産振興に走り、日清戦争、日露戦争、第一次世界大戦に勝利し、ようやく欧米列強の仲間入りをしたかに見えた。実際、朝鮮半島、台湾、満州国建国、南太平洋諸島などを手中に治めることで、アメリカを中心とする大国を相手にすることができ、我が国を取り巻く様相は一変した。

１９４１年（昭和16年）開戦の大東亜戦争は、最終的に本土各地での空襲、沖縄での地上戦、広島、長崎への原爆投下と凄惨、悲惨な結果を招くことになった。この間のことは、歴史の証言者として多くの地図が正直に物語っている。特に、「大東亜共栄圏構想」のもとに、東南アジア各国へ進出、戦線を拡大し、多くの命を投げ出すことになる。軍人だけでない、赤紙召集兵、学徒動員、特攻隊……。彼等は、お国の為、家族の為に散っていった。その多くは、未だに海外で眠っている。戦争の記憶を語る人が少なくなった現在、歴史の証言者古地図と資料を駆使して、後世に語り継ぐこととした。

筆者は、「大東亜戦争」の呼称を使っている。呼称については、陸軍は大東亜戦争、海軍は太平洋戦争と言って譲らなかったが、最終的に閣議決定で「大東亜戦争」となった。戦後、ＧＨＱ（連合国軍総司令部）によって太平洋戦争になった経緯があることは承知している。しかし、「古地図」上の表記は「大東亜」で、今更「太平洋」に印刷の変更は出来ない。

日本が目指した「大東亜共栄圏構想」とはどんなものであったのか、またこの時代、日本列島各地で未曾有の災害にも見舞われている。これらのことを、所蔵の地図、資料と共に筆者の体験をもとに記述した。日本軍が進出していった様子、大本営による誤った作戦、地図と共にご覧頂ければ幸甚である。

なお、古地図についての紹介、説明は特別な個所を除き、現代用語の表記に統一した。

菊地正浩

古地圖は歴史の証言者――大東亜戦争と災害を語る　目次

はじめに　3

第一章　古地図の歴史を遡る　15

01　地図の歴史を簡単に遡ってみよう　17
●大日本沿海輿地全圖（伊能図）
――測量して日本の地図を作った「百万歩の男・伊能忠敬」　20
●シーボルト事件――シーボルト日本図　20

02　地圖と和紙　22
――地図を語るなら和紙を語らねばならない

03—地図から読む戦争・災害　25
04—樺太北緯50度、日本最初で最後の国境線標石設置　27
05—平成の大地動乱期　31
●明治維新から150年、戦後75年を迎えるにあたって　32

第二章　大東亜戦争と古地図　35

01—戦争と地図の統制　37
02—明治維新後における地図作製と測量史実　37
03—大日本帝国参謀本部陸地測量部創設から戦争への道
——戦争には地図が必要との再認識　39
04—戦争に必要な地図作製の組織体制づくり　40

05 陸地測量部 41
——戦争時代に突入し地図の統制が始まる

06 「地図会社は一社に限る」内閣総理大臣東條英機の指令書 42
●戦時中の地図統制と統制物資・供出 43
●日本地図学会の前身「社團法人地圖研究所」設立 43

07 戦局悪化による陸地測量部の疎開 47
——大本営参謀本部と天皇・皇后は長野県松代へ、陸地測量部は波田村国民学校へ
●陸地測量部の疎開始まる 48
●松代大本営の施設概要と工事 49
●沢山の砺《ズリ》は厚木飛行場や青森県三沢飛行場の滑走路づくりに 52

08 終戦間近の兵要地理調査研究会 52
●陸軍と海軍が唯一協力した地図 53

09 米軍の日本地図作製について 55

10 20世紀は戦争の時代 61
——「現世界大戦・戦闘経過・記録大地図」が語る

11―では一体、大東亜共栄圏方面（含む北方）で何が起こっていたのか　63
――戦況日誌の記録を読み解く
12―外邦図とは何か　77
●そもそも大東亜共栄圏構想はどうして生まれたのか　78
13―外邦図の測量と作製の流れ　79
14―外邦図と世界地理風俗大系　93
15―外邦図を買い求める長蛇の列　94
16―多くの外邦図を生んだ大東亜共栄圏　96
17―大東亜共栄圏の建設を基本とした国家戦略「基本国策要項」　97
18―大東亜共栄圏構想の背景　99
19―外邦図にみる国・島の改名　100
●想像をはるかに超えた恐るべき被爆の実態　102
20―南洋諸島と日本の関係　104
――日本語には多くの南洋語が

21―当時の各地域の背景と独立への道　106
●仏領インドシナ
――現在のベトナム・ラオス・カンボジアの地域　106
●スマトラ島　107
●マリアナ諸島と小笠原諸島　108
22―大東亜共栄圏構想についての地理教育　109
23―大東亜戦争が残した傷跡　110
――進まない遺骨収集
24―現在、日本の作製した外邦図は
東南アジア諸国からも熱い視線が向けられている。
これほどの地図は彼らの国にはないからである　113
25―近世古地図は経緯と事実を一番知っている歴史の証言者である　114
26―先人は訴えている　115
――社会地理・地形図の辨

27―日本の陸軍・海軍の戦力喪失について 121
――どのように進出・侵攻・占領し、どのように敗退・撤退・消滅していったか
28―東京国際軍事裁判について 125
29―終戦後、サンフランシスコ平和条約締結でも悲劇は続いた 127
●あゝモンテンルパの夜は更けて 128
●戦犯達を救った歌
――強く生きよう 日本の土を 踏むまでは 131
●戦犯収容所の全員釈放・帰国 132
30―歴史教科書問題について 133
――長江デルタ一帯での戦闘による戦死者が、南京大虐殺30万人説にすり替えられた
31―地図が証言「大東京戦災焼失区域」 137
――阪神淡路大震災地図作りにも生かされる
32―「全国主要都市戦災概況圖」が語る日本列島の空襲被害 143
●空襲を受けなかったイギリス大使館と現在の姿
――米軍の事前空中撮影により焼夷弾投下回避か 146

33　戦災が残した「戦争孤児」　150
——鐘の鳴る丘
●主題歌「とんがり帽子」　150
●リンゴの歌　151
34　地震150年サイクル　153
35　大地震と歴史的事件は交互に発生している　154
——戦災と災害の二重苦に苦しんだ近代日本建設
36　19世紀後半の活動期における記録（Mは全て推定値）　155
37　地図のデジタル化と平和利用　167
——地理・地図教育の変化

コラム

◆関東大震災（神奈川地震）の災害状況を世界に発信した南相馬市の無線塔　29
◆日本の軍事施設について　45

◆主な国名・地名解説　76
◆大東亜共栄圏構想の人材育成・教育について「南方特別留学生（通称南特）」　118
◆戦艦ミズーリ号上での降伏文書は日本の手漉き「白石和紙」　141
◆西遊記の玄奘三蔵法師日本へ分骨　149
参考文献　171
あとがき　173

古地圖は歴史の証言者——大東亜戦争と災害を語る

故人曰く〈地理を知らずして政治を語るなかれ〉。現在では、地政学・地経学を知らずして戦争や平和を語るなかれ、であろう。地理（地形、地質、植生、資源、気象など）を図に表したものが地図である。地図はその国の文化水準のバロメーターとも言われ、我が国の地図づくりは世界最高水準にある。ここに至るまでには先人達の艱難辛苦の歴史がある。これらの地図は歴史の証言者として生きている。

第一章　古地図の歴史を遡る

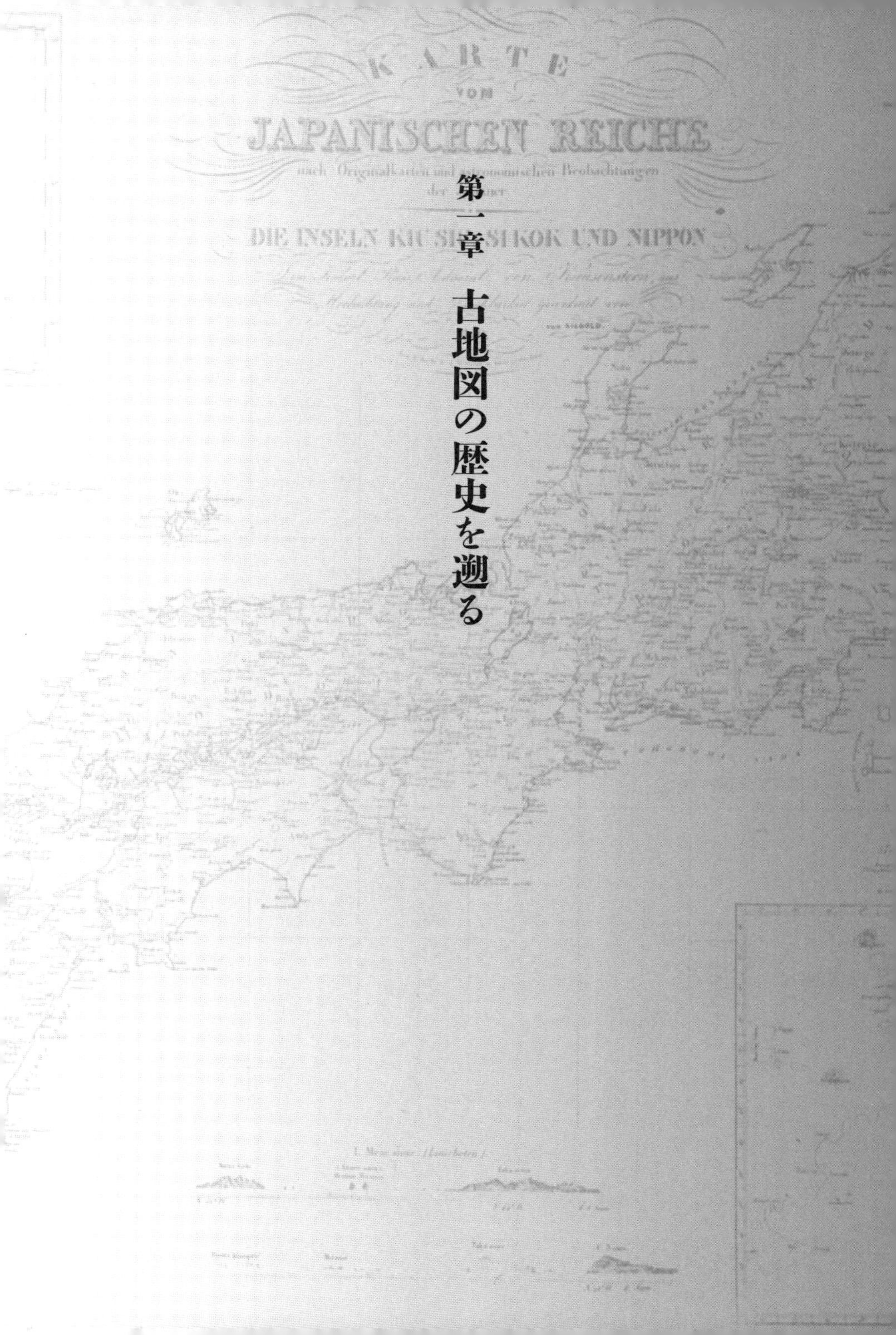

01 地図の歴史を簡単に遡ってみよう

世界では紀元前１３００年頃、エジプトのパピルス地図、同７００年のバビロニア世界図、同６３０年のギリシャ世界地図、中国での最古は同１３０年の中国方格地図あたりが始まりとされる。

我が国では、西暦６４６年（大化2年）の大化改新時、孝徳天皇による大化の詔によれば、「国々の疆界を見てあるいは書しあるいは図して持ち来たり示し奉れ」と、国々の境を図に示すことを発令したのが最初といわれる。

同時に、村や郷名などがない場合は、命名してやったといわれる。このため全国には同地名の市町村字名が多くある。因みに、わらび粉、わらび餅で知られる蕨という地名は、埼玉県蕨市や九州福江市蕨町をはじめ、全国に76か所、また戸田市はアイヌ語のドタで湿地帯を意味し、静岡県西伊豆の戸田《へた》など、全国に23か所もある。川の出口は川口、山の入り口は山口に、縄文人、アイヌ人からの名前がかなり生かされ、採用されている。

７４３年（天平15年聖武天皇）、奈良時代の僧侶行基（６６８〜７４９）が行基式日本地図「行基菩薩説大日本国圖」を作製、68洲、郷1万3千余、京から北へ３５８７里、西へ１９７８里であ

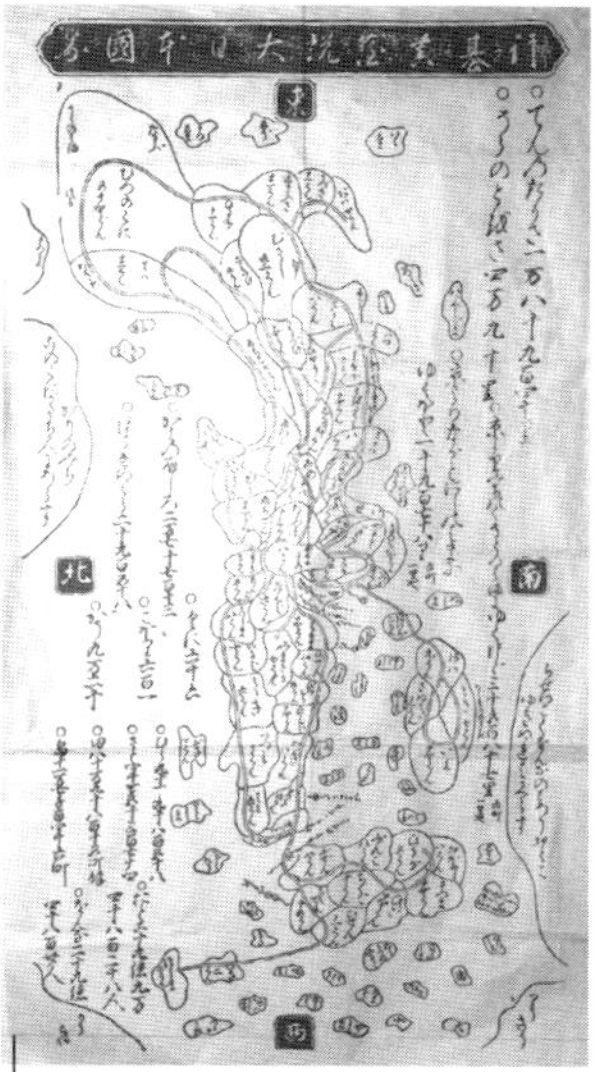

行基菩薩説大日本国圖
743年（天平15年聖武天皇）68洲　現物無　1651年（慶安4年）復刻版

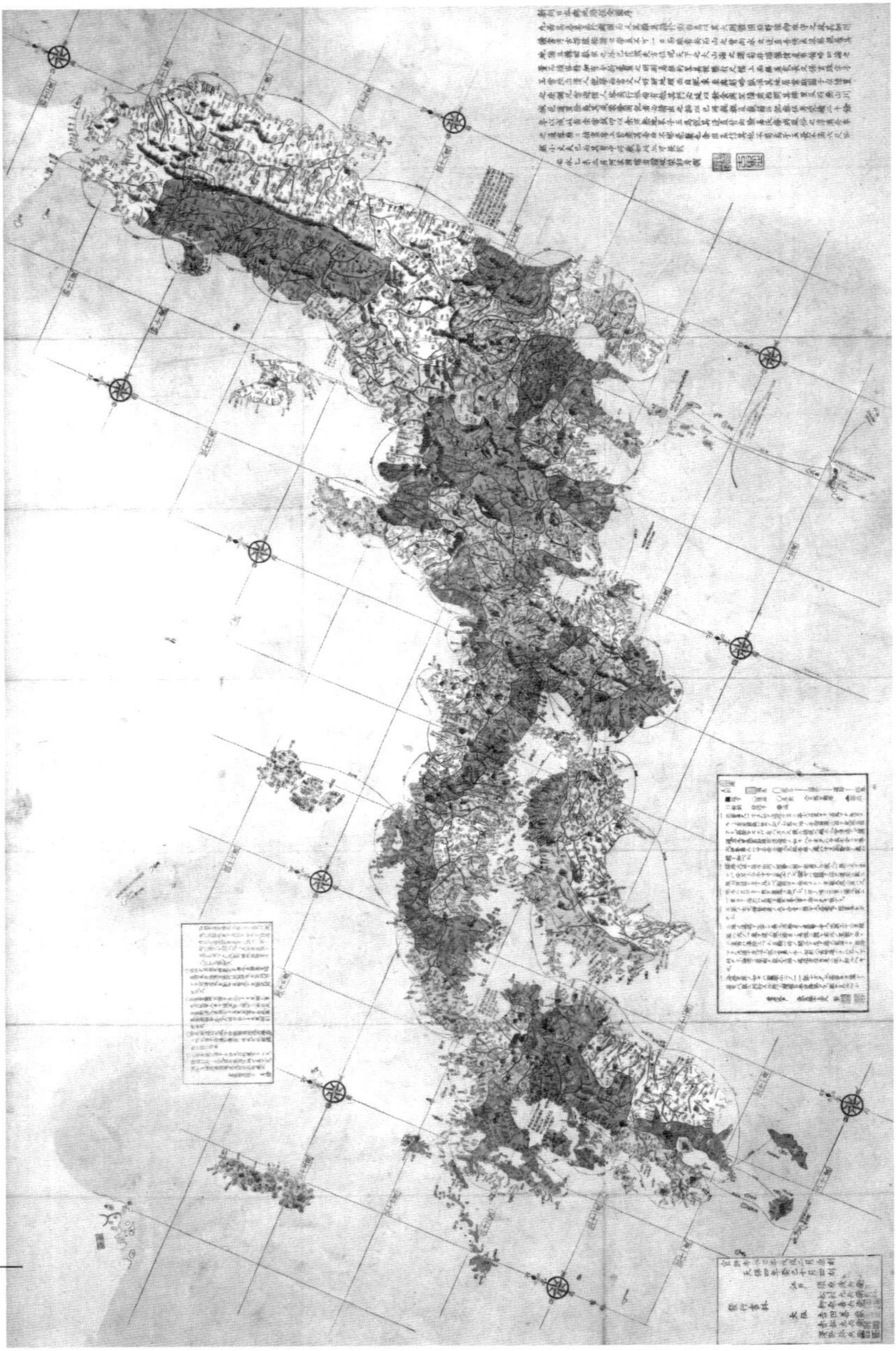

る。１７０２年（元禄15年）元禄日本総図完成、１７７８年（安永７年）水戸藩の地政学者長久保赤水による、我が国初めての経緯度を記載した地図「大日本輿地路程全圖」が刊行された。この赤水図は全国68洲が描かれているのは行基図と同じだが、松前と琉球国が描かれている。しかも、日本海沖経度37度と38度の間には、現在韓国によって実行支配されている、島根県の竹島が記されており、当時から鮑漁とアシカ漁が盛んで、鮑の干し物とアシカの油が島根藩から江戸幕府の将軍に献上されていたことを物語っている。

竹島については現在韓国に実行支配されているが、日本固有の領土であることが古地図によっても判る。所蔵の古地図を幾つか列挙すると、

①１７８３年（天明３年）10月浪華書房　重隽《じゅうせん》日本輿地全図　竹島・松島
②１８０８年（文化５年）大日本細見指掌全図　竹島・松島
③１８０９年（文化６年）松濤居蔵版　大日本の図　竹島
④１８１１年（文化８年）浅野弥兵衛発行　版改日本図　37度に松島・竹島
⑤１８１１年（文化８年）三木光斎作　大日本改正全図　竹島・松島
⑥１８４０年（天保11年）シーボルト日本図　Map of Japan　竹島・松島
⑦１８５４年（安政元年）工藤東平版　大日本沿海要彊全図　竹島・松島
⑧１８６７年（慶応３年）勝海舟撰　大日本沿海略図　竹島・松島

改正日本輿地路程全圖
1779年(安永８年)水戸藩地政学者長久保赤水。我が国初めての経緯度を記載。全国68洲　竹島、松島記載地図

等で、いずれも歴史の証言者である。

●大日本沿海輿地全圖（伊能図）――測量して日本の地図を作った「百万歩の男・伊能忠敬」

1800年（寛政12年）、長久保赤水の大日本輿地路程全圖から二十数年後、伊能忠敬が幕府の命を受けて全国測量のため江戸を出立した。3万5千㎞に及ぶ歩測と検縄、天体観測を行ない、数多くの人達の助力によって、1817年（文化14年）精密な日本列島の実測図が作られた。伊能忠敬は完成間近で他界したが高橋景保と弟子たちの他、蝦夷地の残りは間宮林蔵によって測量された。この地図は大図・中図・小図の3種類で、幕府に納められ一般には目にすることが無かった。しかし、この伊能図が開国にあたり日本の歴史を動かすことになった。

大日本沿海輿地全図（伊能図）
1817年（文化14年）伊能忠敬

●シーボルト事件――シーボルト日本図

1828年（文政11年）、ドイツ人医師シーボルトが帰国する際、国外持出し禁止の地図を所持していたことから伊能図の持出された事が発覚した。地図を手渡した高橋景保をはじめ関係者は処罰された。シーボルトと交流のあった最上徳内は軽輩ゆえ難を免れた。シーボルトは1年間軟禁された後、国外追放となったが、帰国後密かに写しておいた伊能図を利用して「シーボルト日本図」を刊行した。地図には、1787年日本海を最初に航海をしたフランス人ラベルーズが発見、ダジュレー島と命名した。これが松島で、マッシマ（Matsusima）と表記されている。1789年イギリス人のブロートンが日本海に来て発見、アルゴノート島と命名した。これは竹島のことでタカシマ（Takasima）と表記されている。1861年（文久元年）、イギリスは幕府に日本列島の測量をさせるよう迫った。幕府が伊能図を見せたところ、その精密さに驚き陸地測量を諦めて水深測量のみ実施したという。また、これがイギリス

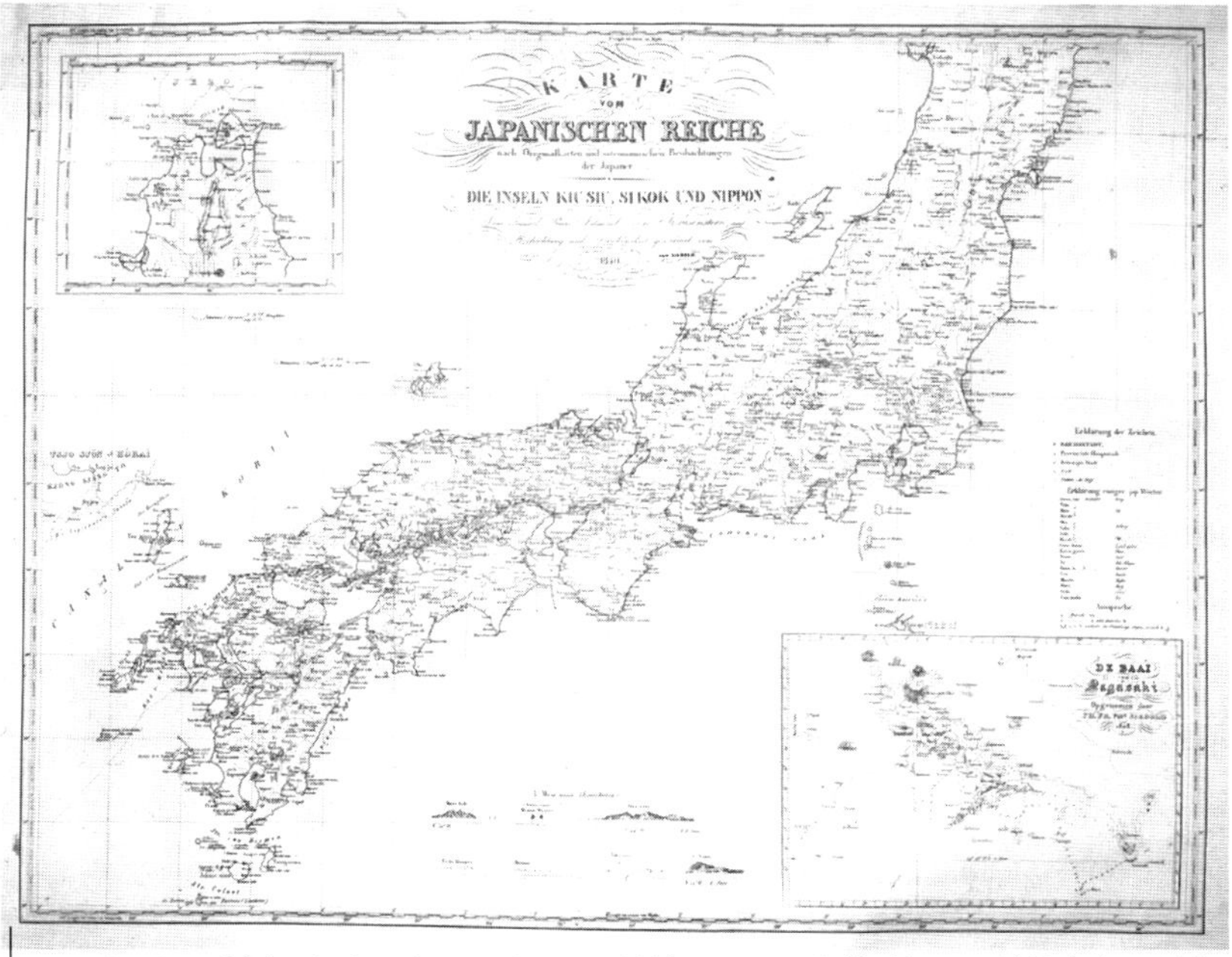

シーボルト日本図　ドイツ人シーボルトは長崎オランダ商館医として長崎出島に到着。鳴滝に塾を開いて蘭学を教える。1828年（文政11年）帰国の際、嵐に会い、国禁の品々が発見され、翌年に長崎を退去させられる。その折り伊能忠敬の弟子、高橋景保は処刑、最上徳内は軽輩のため難を免れた。帰国してからコピーで作製したのが、シーボルト日本図である。1872年シーボルトは箱根塔ノ沢に最上徳内を招き、一週間ほど会見、北方情報、北方地図等を借り受ける。実際に北方調査などは6〜7回に及び、樺太にも及んだという。間宮林蔵等とも深い交流があった。

の植民地支配から逃れられた要因の一つともいわれている。

このように我が国近代地図史の幕開けは伊能忠敬抜きには語れない。シーボルト事件を経て開国、1877年（明治10年）内務省地理局の発足、ここに近代地図作製の体制が整っていくのである。

02 地圖と和紙——地図を語るなら和紙を語らねばならない

僧呂行基は文殊さんと親しまれ、奈良時代に全国を行脚、布教の傍ら産業振興にも貢献し、人々から行基菩薩の化身と称された。

「行基菩薩説大日本国圖」（743年）は我が国最初の地図として知られている。オタマジャクシを並べたような幼稚さだが、国々が丸みをおびた輪郭で連なり七道の街道線が引かれている。東海道他七道の諸国は68洲からなっているが、蝦夷松前と琉球国は地図に描かれていない。実物は残念ながら現存しておらず、ここに掲載したものは、1651年（慶安4年）家綱の時代に復刻されたものである。

前置きが長くなったが驚くことは、正倉院の古文書がそうであるように、前述の古地図たちにも腐敗や虫食いなどの劣化が見られないことである。数百年経過しているのに手漉き和紙の驚くべき保存性に心底驚かされる。まさに和紙の普及なくして地図史は成り立たないといっても過言ではない。

和紙は105年　後漢の時蔡倫が長安（西安）で発明した。麻布を水につけておいたら繊維となり紙状になった。これが麻の溜め漉き紙で、現在ではもっと年代の古い和紙も発見されているらしい。日本への伝播

フィリピン教会の羊皮紙聖書
フィリピン・ルソン島マニラにある、世界遺産サン・オーガスティン教会は16世紀のバロック建築。紙ではなく羊皮紙に書かれた聖書を回転式のテーブルで読むことができる。

は今から約1400年前の推古天皇時代であるが、日本は麻ではなく楮《こうぞ》、三椏《みつまた》、雁皮《がんぴ》などに黄蜀葵《おうしょっき》（トロロアオイの漢名）を加えて、更に溜め漉きから流し漉き技術を開発し、日本独特の手漉き和紙とした。今では古文書、古地図、美術品の修復には、無くてはならないもので、イギリスの大英博物館やアメリカのメトロポリタン美術館など世界各地からの注文が多い。日本の手漉き和紙はやがて中国へ逆輸出となった。逆輸出には他にも色々あるが、鋳鉄から鍛鉄などの主要なものもある。

ペーパーロードのはじまりである長安（西安）から砂漠をラクダの隊商が敦煌、トルファン、桜蘭から天山山脈を越えて、カスピ海、黒海経由のシルクロード交易が盛んに行われたが、手漉き和紙だけは流出させなかった。

751年（天宝3年女帝孝謙）5~9月にかけて、唐とアッパース朝が中央アジアでの覇権をかけて激突した。天山山脈を越えたキルギスのはずれ、タラス河畔で決戦を繰り拡げた。タラス戦争と云われているが結果、アッパース朝が勝利し、唐は西進を阻まれた。この時、アッパース朝は唐の捕虜を多数連れ帰った。この中に、手漉き和紙職人がいたのである。従来、西欧では皮革紙かパピルス紙しかなかったが、和紙というものに直面して驚くのである。

アッパース朝はバクダッドで製紙を行ったが、その先ヨーロッパには流出させなかったため、フランス、ドイツ、イギリスなどには伝播せず、大西洋を渡ってアメリカに伝播するまで約1000年の時を要することになる。

近世に多くのキリシタン宣教師が来日し、和紙を知って驚いたという。彼らは筆ではなく、ペンでも書ける雁皮紙を好んで使ったという。

江戸末期に来日したプロシアの初代駐日公使オイレンブルクは、後に「日本遠征記」の中で、「紙の用途のこの国より広いところはおそらくどこにもないであろう～略～なかんずくすぐれているのは皮革として用いられるもので、その質は外観も色調もまさに天然皮革に匹敵する」と記している。日本が長い鎖国から開国した時、ペリーをはじめ多くの外国人が本国に向けて、「日本は木と竹と紙の生活文化」と紹介した。

ペリーは開国をせまって来日した時、沖縄の那覇港に寄り、水、食料などを積み込んだ際、和紙を発見し多量に積み込んでいたことが、地元史に書かれている。また、伊達政宗が派遣した慶長遣欧使節団がローマへ向かう途中、南フランスに上陸した。日本の手漉き和紙の評判は中国には広まっていたが、西欧にはさほど知られていなかった。一行の一人が鼻をかんで紙を路上に捨てた。現地の侯爵夫人が残した記録には、その紙のあまりに上質であったため、捨てるそばから先を争って拾ったとある。日本の紙は西洋紙とは比較にならないほど上質であった。ただ、西欧の羊皮紙は長い航海では最適で、濡れても破れないし、丸められる。しかし、円卓上に置かれた羊皮紙の聖書などは大きく邪魔で、ましてやパピルス紙は強靭さが足りない。（詳

細については拙書、「和紙の里探訪記」草思社をご一読願いたい）

03　地図から読む戦争・災害

19世紀と20世紀の世界史は戦争と災害抜きには語れない。我が国でも19世紀は、１８４７年（弘化４年）3月24日、長野善光寺地震に端を発し、同3月29日に越後高田地震、１８５３年（嘉永6年）２月２日、小田原地震、翌１８５４年阿蘇山噴火、同6月伊賀上野地震、同11月には安政三大地震がはじまり、４日には東海地震、５日南海地震と大地震が続発した。またこの間、１８５２年から１８５３年にかけて全国的にコレラが大流行した。安政を改めた１８６４年（元治元年）７月には京都で元治の大火と禁門の変が起こり、長州藩が京都に出兵して京都御所を襲った。長州藩が幕府に敗れた世にいう蛤御門の変である。

１８６６年（慶応2年）８月、四国、近畿、関東、東北で大洪水が発生し、度重なる天変地異に徳川幕府も疲弊していった。翌１８６７年には、ついに大政奉還、江戸城の無血開城、天皇による王政復古の大号令が下る。いわゆる明治維新という政変は台湾、朝鮮の植民地化や、国内では西郷隆盛との西南戦争を経て、１９１４年（大正３年）には第一次世界大戦が勃発

傾いた鎌倉大仏

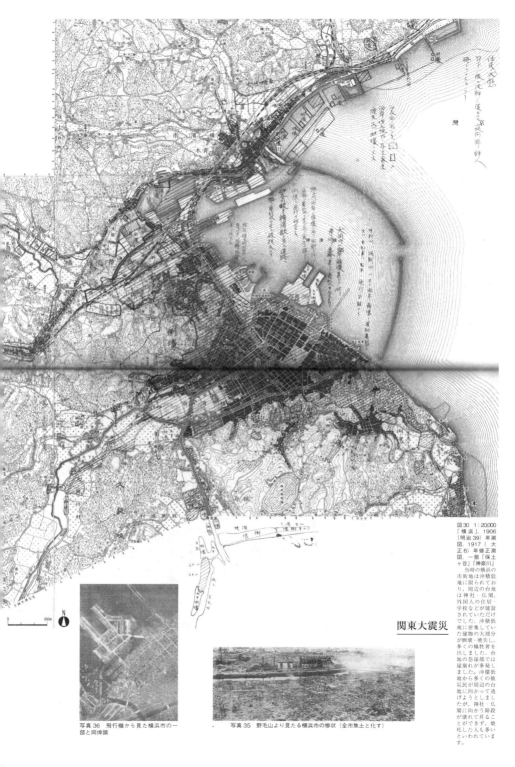

図30　1：20,000「横浜」、1906（明治39）年測図、1917（大正6）年修正測図、一部「保土ヶ谷」「神奈川」

当時の横浜の市街地は沖積低地に限られており、周辺の台地は神社・仏閣、外国人の住居・学校などが建設されていただけでした。沖積低地に密集していた建物の大部分が倒壊・焼失し、多くの犠牲者を出しました。台地の急崖部では崖崩れが多発しました。沖積低地から多くの被災民が周辺の台地に向かって逃げようとしましたが、神社・仏閣に向かう階段が壊れて昇ることができず、焼死した人も多いといわれています。

関東大震災

写真36　飛行機から見た横浜市の一部と同埠頭

写真35　野毛山より見たる横浜市の惨状（全市焦土と化す）

した。そして、1923年（大正12年）9月1日、関東大震災に至り、ようやく安政の大地動乱期は終息した。

この間、対外関係にいたっては、1853年の小田原地震時にアメリカのペルーが浦賀に来航したものの、津波のため避難し一旦は離れるが、翌1854年1月16日に再来航して幕府に開国を迫り、日米和親条約締結となる。

同6月、伊賀上野地震直後の8月21日には日英和親条約締結。同年ロシアの海軍提督プチャーチンがディアナ号で長崎に来航したが、追い返したものの翌年10月15日に伊豆下田に来航して、11月3日から日露和親条約についての交渉が開始された。しかし、翌4日に東海地震、5日に南海地震、いわゆる東南海地震が発生し、下田湾に襲来した大津波によりディアナ号は大破、沈没してしまった。困惑しているロシア人達に対し、西伊豆戸田村の住民がディアナ号の技術者の指導を受けながら、西洋式の船を建造して贈呈した。船名も「ヘダ号」と名づけられ、12月21日に日露和親条約を締結してヘダ号で帰国した。

この時の進水式の絵が、公益財団法人東洋文庫に保存されている。この複製図が、2016年（平成28年）12月15日、日露首脳会談において、安倍首相からプーチン大統領に贈呈され、日露友好の象徴として大きく報じられた。

04　樺太北緯50度、日本最初で最後の国境線標石設置

ヘダ号の一件から約半世紀、1904年（明治37年）2月4日、日露戦争開戦を閣議決定、2月8日か

樺太北緯 50 度国境線
明治神宮外苑、聖徳記念絵画館前。

ら翌１９０５年９月５日まで、朝鮮半島とロシア主権下の満州南部を主戦場として行われた。中でも旅順要塞は旅順港を囲む尾根上の要塞で、突撃戦法しか経験のない日本軍は、ロシアのマキシム機関銃の前に約６万人の戦死者という犠牲を払った。これにより、ロシアのバルチック艦隊38隻を撃破、アメリカのルーズベルト大統領の仲介により米国ポーツマス海軍工廠で日露講和条約を締結した。

条約締結で樺太の北緯50度以南が日本の領土となり、１９０６年６月、日露の国境画定委員が天文測量を開始した。間宮海峡からオホーツク海沿岸の約１３０㎞に国境線を引き、４基の国境標石と17基の中間標石を設置した。島国の日本が国境線を初めて経験、測量・地図作製も含め、実に2年の歳月を要した。その後、大東亜戦争により樺太は勿論、北方四島も失うこととなった。この時の標石はロシアにより撤去され、その殆どはモスクワなどに運ばれたと言われる。その後、１９７９年（昭和54年）模造の標石が明治神宮外苑の聖徳記念絵画館前に設置された。外報図の樺太全図で日本唯一の国境線を見て欲しい。

◆コラム◆◆◆

関東大震災（神奈川地震）の災害状況を世界に発信した南相馬市の無線塔

相馬野馬追祭で知られる、福島県南相馬市（元、原町市高見町）の国道6号線沿いに、無線塔のモニュメントがある。太平洋を越えてアメリカと通信する目的で、逓信省（現郵政省）が、1921年（大正10年）3月、1万1千トンのセメント、当時の金額で35万円、3年がかりで建設した。当時は周囲に200mの鉄塔を五基建て、アンテナ線をクモの巣状に張っていた。主塔の高さは201・16m、根回り55mもあり、東京タワーが出来るまでは東洋一のノッポ塔として知られていた。

1923年（大正12年）9月1日、関東大震災（神奈川地震）が発生、死者・行方不明者10余万人の大惨事となった。

海外への第一報はこの塔からハワイのホノルルを経由して、サンフランシスコのRCA局長あてに、ツーツートントンと打電された。「ホンジツ、ショウゴ、ヨコハマニオイテ、ダイジシンニツイデ、カサイオコリ、ゼンシハホトンドモウカノナカニアリ、シショウサンナク、スベテノコウツウキカントゼツシタリ－－－－－」無線は世界に発信され各地から義援金が送られてきた。

無線通信の進歩により花形だったアンテナ時代は過ぎ、1933年（昭和8年）に発信停止した。塔は記念物として保存の為、市に無償で払い下げられた。市内一円から見えるノッポ塔はシンボルとなった。60年にわたる歳月で風雨にさらされ、ボロボロになり危険となった。解体か補強かで4年も論争のすえ、人命尊重から撤去が決定した。１９８１年（昭和56年）10月、上部から解体して翌年３月に姿を消したが、10分の1のモニュメントを建設し同市のシンボルとして甦った。

モニュメントの前には国土地理院の電子基準点が設置されており、東日本大震災時の測量では１ｍ40㎝もずれたが、倒壊せずに当時の姿で、凛として立っている。電文にあるとおり関東大震災の震源は横浜、正確には三浦半島と房総半島の入口、浦賀水道である。三浦半島諸磯隆起海岸には一番下が関東大震災、上に安政大地震と元禄大地震の隆起が見られる。

福島県南相馬市の無線塔モニュメント
関東大震災の無線通信がここからハワイ経由サンフランシスコに打電された。

05　平成の大地動乱期

１９４１年（昭和16年）12月８日、ハワイ真珠湾攻撃により第二次世界大戦に突入した。我が国では大東亜戦争（太平洋戦争）と位置づけ国をあげて戦った。一方、災害も多く発生したが、戦時中の報道管制や戦後の混乱期で被害状況が知らされなかった。１９３３年（昭和８年）３月３日、釜石市東方沖を震源とする三陸地震（津波最大28・７ｍ死者３０６４人）に始まり、戦中の報道管制と戦後の混乱で、歴史に埋もれた「昭和の四連続大地震」が発生する。１９４３年（昭和18年）９月10日、鳥取地震（死者１０７２人、家屋倒壊７４８５戸、男性の多くは出兵していたので犠牲の殆どは女性）、昭和19年12月21日、昭和東南海地震（死者１２２３人報道管制）、昭和20年1月13日、三河大地震（死者・行方不明者６６０３人、全半壊3万５１０５戸、焼失家屋２５９８戸、終戦前報道管制）、昭和21年12月21日、昭和南海地震（紀伊半島沖津波死者１３３人）、次いで昭和23年６月28日、福井地震（昭和南海の誘発地震死者３７６９人）などである。この戦争時期を挟み大きな災害も発生している。終戦直後の昭和20年９月12日、枕崎台風で死者３７５６人と広島、長崎の原爆に追い打ちをかける災害であった。昭和22年９月８日、カスリーン台風（死者１９３０人埼玉・東京を中心に明治43年以来の大水害、これを機に本格的な治水工事開始）、翌年９月７日、アイオン台風（死者８３８人北上川氾濫）、以降九州北部水害、西日本大水害、紀州大水害、洞爺丸台風、狩野川台風、伊勢湾台風と毎年のように続いた。そして、１９９５年（平成７年）１月17日の阪神淡路大震災にはじまり、新潟中越沖地震、３・11の東日本大震災、熊本地震、鳥取地震、島根地震、大阪北部地震、北海道胆振中東部地震と続き、日本列島全体が揺れ、火山も御嶽山、桜島、霧島連山、硫黄島、小笠原西ノ島、元白根山が噴火、火山活動も活発化している。また、富士山をはじめ全国の活火山の噴火警戒が報じられている。さらに、地球温暖化、異常気象による線状降水は茨城県常総市の鬼怒川堤防決壊による洪水や、平成30年7月西日本豪雨災害が発生し、全国で土砂崩れ、山岳崩壊などの災害が多発している。この間、我が国として歴史上にはない福島原発大事故が発生、政局は自民党、日本新党、新党さきがけ、民主党からまた自民党による幾度かの政権交代劇と、先の築地市場・豊洲問題に端を発した都議選での民意と政党の離合集散など、不安定な政局が続いた。

国外に目を向ければ尖閣諸島、竹島、北方領土や朝鮮半島問題に加え、中国による南シナ海、一帯一路計画、第一列島線問題などで台湾から沖縄をも巻き込んでいる。

忘れてはならないのが、1989年（平成元年）の坂元弁護士一家殺害、1994年〜95年（平成6〜7年）の松本、地下鉄サリンなど、史上例を見ない一連のオウム真理教事件である。（死者29人、負傷者6500人以上）。

まさに、平成の大地動乱期で、日々予想される災害の対策に追われている。しかも、2019年（平成31年）4月、天皇陛下のご退位、5月新天皇即位により、平成から新元号となる。年号が変わると歴史は繰り返されるのであろうか？　災害のないことを祈る。

●明治維新から150年、戦後75年を迎えるにあたって

このように我が国を取り巻く近年の地政学史は戦争と災害抜きには語れず、歴史の証言者として地図が

語っている。特に、第一次世界大戦、満州事変、日清戦争をはじめ、先の大東亜戦争の傷跡は、いまだに自虐的歴史観から抜け出せないでいる。何故であろう、それは歴史上経験したことのない、7年間にわたる占領政策に起因し、徹底した言論統制と前例のない極東国際軍事裁判と戦後教育の影響があるのかもしれない。

筆者は尋常国民小学校1年、3月10日の東京大空襲で10万人の犠牲者を出した中、奇跡的に生き残った約1000人のうちの一人である。戦中から各地を転々と疎開、戦後落ち着いた小学校では5年生であったが、漢字が読めず苦労し、恥ずかしい思いをした。戦争中、学校の教室などでは天皇・皇后の写真が掲げられ、皇居の方へ向かって礼をした。

教育として何かあると往復ビンタ、鉄拳と称して殴られた。終戦後は天皇・皇后の写真はなくなり、モーツァルトやベートーベンなどの写真になった。先生曰く、「これからは先生も君達も人間皆平等」だとか、この変貌ぶりは一体何であったのか?

戦後復興から経済大国へと順調に発展しているように見える傍ら、教科書や現場教育を左翼勢力に委ねてしまい、気がつけば愛国心も道徳心もプライドも持てないようになってしまったのではないだろうか。あの日本人は何処へ行ってしまったのか、男らしさ、女らしさ、お役人らしさ、先生らしさ、お巡りさんらしさ、などなど道徳、倫理、伝統、精神文化を大切に礼儀正しく勤勉で、親切で貧しくとも愛国心があり、ひとたび国難ともなれば敢然と立ち向かう大和魂を持っていた多くの日本人。

戦後75年を迎えようとしているが、今こそ本気で国民一人々が大東亜戦争の傷跡を癒し、自虐的歴史観から抜け出て、普通の国となって世界に貢献して行かなければならない。

地球規模での環境破壊やCO_2排出による地球温暖化は、海洋酸性化を招き、さらにプラスチックの垂れ流しはＰＣＢを含んだゴミとなり、ＰＯＰｓ（ポップス）という難分解性有機汚染物質を作り出した。これによる食物連鎖問題はますます深刻化している。持続可能な循環型社会構築のために、日本の果たす役割は大きいし期待もされている。

歴史は百年しないと本当のことが書けないといわれる。今ようやく外交文書の公開や様々な資料が出てきたし、証言も得られ、真実が語られるようになった。

本書では、かつて統制下にあった地図や軍の秘図、その他戦災地図、ＧＨＱ占領軍のみが使用した市街図などをあえて公開、ご意見を仰ぎ後世に語り継ぐこととした。勿論、地理・地図の歴史にも触れ、20世紀の歴史の証言者として「何を云いたいのか」「何を伝えたいのか」、筆者なりに検証してみた。特に、最近またもやきな臭くなってきた、ユーラシアランドパワーとシーパワーの鬩ぎ合いに加え、今やスカイパワーからスペースパワーの鬩ぎ合いになった。改めて、地理・地図、地政学、地経学のもつ意味を考えて頂きたいと思う。

第二章　大東亜戦争と古地図

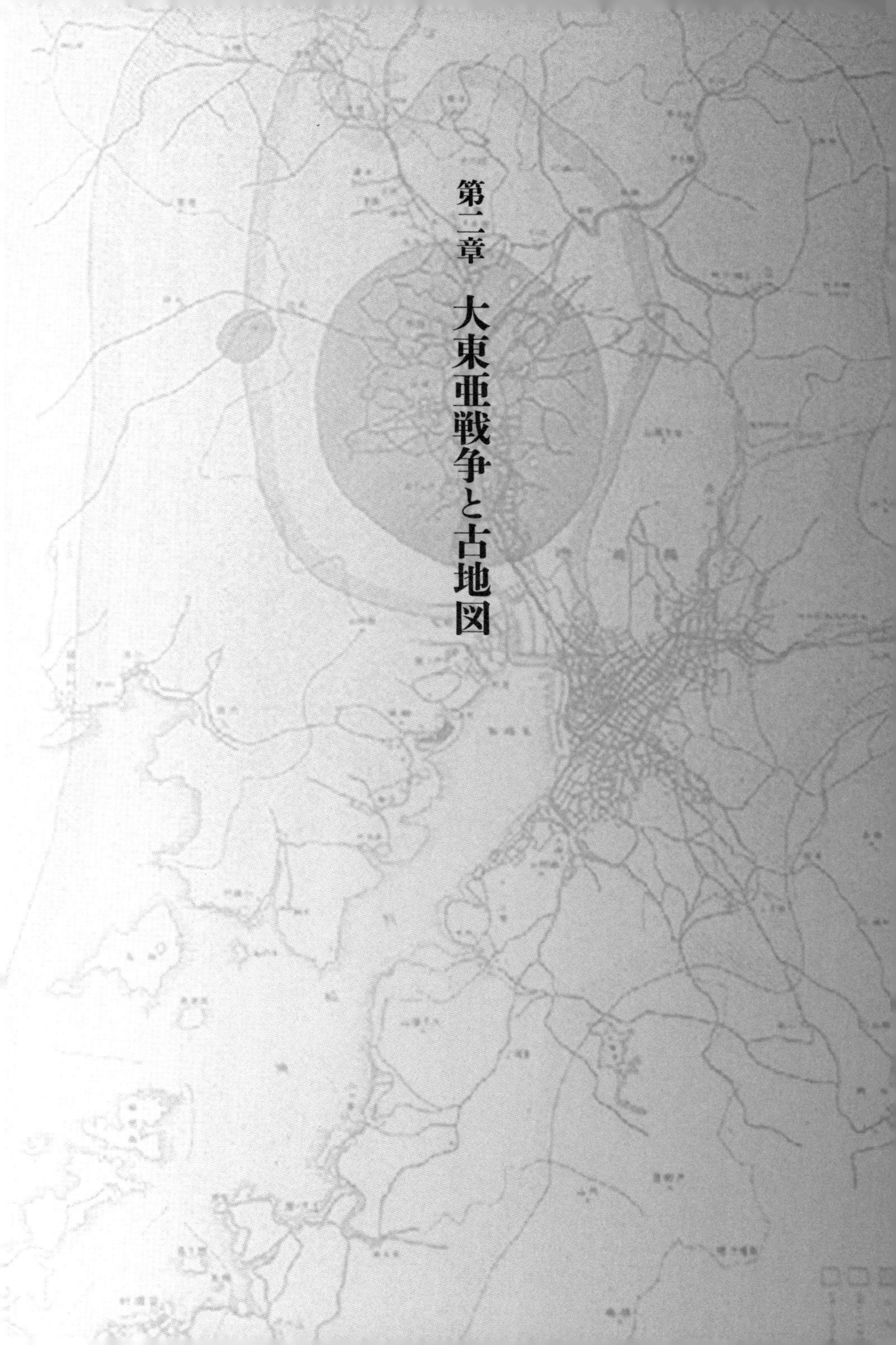

01 戦争と地図の統制

明治維新を迎え欧米に追いつけ追い越せと、殖産振興、富国強兵、皇民強化などが行われた。測量、地図作りも重要な国策の一つであった。民間にも数多くの地図会社が出来、鉄道や旅行案内の類まで色々な地図も作られた。しかし、戦争と海外進出には軍主導の機関が必要不可欠であったし、国防、防護上、地図を統制する必要があった。

戦前の地図を見ると、地形図や兵要図などは大日本帝国参謀本部陸地測量部、また民間では日本統制地図株式会社または、日本地図株式会社の発行によるものが殆どで、しかも検閲認可済の印紙が貼付されている。

02 明治維新後における地図作製と測量史実

１８６９年（明治2年）、新政府は民部省を設置。その下に戸籍地図係を設けて全国の測量と戸籍調査を開始した。特に、鉄道普及には測量が不可欠であった。いざ開国して周囲を見回してみると、我が国は裸同然の状態であった。

島国である我が国は、西欧によるシーパワーの勢力東漸、東へ東へと押し寄せ、その中でアジアというものが、まさに風前の灯火に瀕していた。この時、アジアでの独立国といえば、我が国の他には、シャム王国（現タイ）とヒマラヤ山中のネパールとブータンくらいでしかなかった。太平洋の島々は勿論のこと、ビルマ（現ミヤンマー）、仏領インドシナ半島（現ベトナム・北部中部は安南）、マレー半島とボルネオ北部、スマトラ（現インドネシア）、ジャワ、フィリピンなどに加えインドまでがイギリス、フランス、オランダ、ドイツ、アメリカという欧米列強に植民地化されて、すでに数百年が経っていた。隣国の韓国は支那（現中国）の介入を受けて、独立などほど遠く、当事者能力を失っていた。支那も国内の不安定に加え、イギリスとのアヘン戦争で香港を奪われた上、南京にも迫られる状態であった。

三角点測量
一等三角点第一点皇居富士見櫓　基線、本所相生町通り（現両国回向院前、旧両国国技館前）

我が国も、このままではいずれ植民地化を免れないという不安があった。

1871年（明治4年）政府は、イギリス人マックウェンを測量部長とした5人を招聘、測量技師の養成と指導に当らせた。他にも、アメリカ、フランス、ドイツの協力を得て様々な測量を試みた。

まず、工部省測量司の手により、東京府下の三角測量を開始。皇居富士見櫓を第一点として、十三点の三角点を設置、基線を本所相生町通り（現両国回向院前）に設置、市街地の測量を開始した。1875年（明治8年）頃より関八州の測量に着手した。一方、1874年（明治7年）内務省に地理寮と測量司が設置されると、工務省測量司の業務は内務省に移管され、1877年（明治10年）地理局として組織を改め、五千分の一東京実測全図を完成させた。

03　大日本帝国参謀本部陸地測量部創設から戦争への道

――戦争には地図が必要との再認識

内務省での地図作りと同時期の明治4年、兵部省に陸軍参謀局間諜隊を新設した。「平時に於いては、地理の偵察、調査と地図の編成作製を行なう」ことを任務とし、陸軍中佐を隊長として任命した。これが後の「大日本帝国参謀本部陸地測量部」となり、戦後、「内務省地理調査所」を経て、現在の「国土交通省国土地理院」となった。

誰がこの数奇な運命を辿ることを予想したであろうか。1872年（明治5年）、兵部省は陸軍と海軍の二省に分かれた。母体は陸軍省に存置され、海軍省には水路部が設置された。以後、陸軍は地形図を主体に、海軍は海路図を主体とするが、陸軍と海軍の不仲は帝国軍隊のアキレス腱ともなる。

終戦間近い頃、本土決戦を覚悟して米軍の上陸地点を予想するために、陸軍の地形図と海軍の海路図を合わせた、軍事極秘地図を作製するまで、力を合わせて作業することはなかったといわれる。１８７３年（明治６年）、陸軍は主として軍事用地の測量を開始した。更に１８７７年（明治10年）、西南の役が勃発した。陸軍参謀局は九州を重点的に測量、「西南の役図」「九州全図」を編集して軍用に供したのである。この頃の原版は銅板であった。西南の役があったことで、「戦争には地図が必要である」ということが再認識されたのである。

04　戦争に必要な地図作製の組織体制づくり

１８７８年（明治11年）参謀局を廃止して、新たに参謀本部が設置された。この時、参謀本部の中には地図課と測量課が置かれ、戦争に必要な地図作りの組織を整えていった。

１８８１年（明治14年）、我が国の全国地図作製基本計画が成立、同時に全国測量を開始した。因みに、最初の地形図は、１８８０年（明治13年）、参謀本部の「軍管地方二万分の一迅速測図」。最初の海路図は、１８７２年（明治５年）、兵部省海軍水路局の「陸中国釜石港之図」である。１８８８年（明治21年）５月、陸地測量部条例公布。ここに、「参謀本部陸地測量部」が発足した。初代部長には小菅智淵工兵大佐が就任。

戦前は芝公園内に銅像が建てられていたが、現在は見当たらない。墓地は青山墓地にある。そして陸地測量部は、ドイツ製のレンズや測量用機器の導入により、ドイツ式測量技術による地図作りを主体として行く。

05　陸地測量部——戦争時代に突入し地図の統制が始まる

１８９４年（明治27年）、日清戦争勃発、１９０４年（明治37年）、日露戦争勃発、軍事上からも測量と兵要地図の作製が急務となった。大正、昭和期になってから軍用機の発達によって、三角点測量もさることながら、空中写真測量が盛んになった。

１９３１年（昭和６年）、満州事変勃発、満州国の成立に伴い基本測量が急務となり、測量技術者養成に注力した。１９３４年（昭和９年）３月、満州、支那を統括するため、関東軍測量隊を編成して派遣した。

１９３７年（昭和12年）７月７日、支那事変勃発、不拡大方針で臨んでいるにも拘わらず、戦線は拡大して行く一方であった。大陸方面へは多くの測量隊が派遣され、その測量によって、百分の一外報図や兵要地図などが作製されていった。

１９３８年（昭和13年）、更に一段と地図に対する検閲と統制を強化、「陸地測量部防諜規定」を制定した。しかし、参謀本部でのコントロールにも限界があるため、民間地図会社に対しても地図作製、検閲、販売の規制を強化することとなる。

１９４０年（昭和15年）11月１日、日本統制地図株式会社を設立。

1941年（昭和16年）12月8日、ハワイ真珠湾攻撃により大東亜戦争に突入。やがて戦局が厳しくなるにつれて、国防上、防諜上から、より一層地図の統制が必要不可欠となった。

06 「地図会社は一社に限る」内閣総理大臣東條英機の指令書

1942年（昭和17年）、全国の地図会社に対して、「地図の発行を一社に限定する」という、地図一元化政策が打ち出された。この時代地図に限らず、あらゆる業界が統合され一元管理されて行った。日本統制地図株式会社を中心に、統合へ向けての熱い会合が1年以上も続けられた。関係省庁からは内務省警保局検閲課、情報局第二部第二課、陸軍省兵務局防衛課、陸地測量部、警視庁特高部検閲課で組織された。

紆余曲折、難産の末統合に参加したのは、地図原版を供出して廃業した業者、地図部門を廃業した業者（新聞社など）、その他統合に同意した者で、創立時株主88名、資本金150万円であった。これを受け、昭和19年6月30日付指令書が届き、同8月24日、日本地図株式会社が設立され、地図会

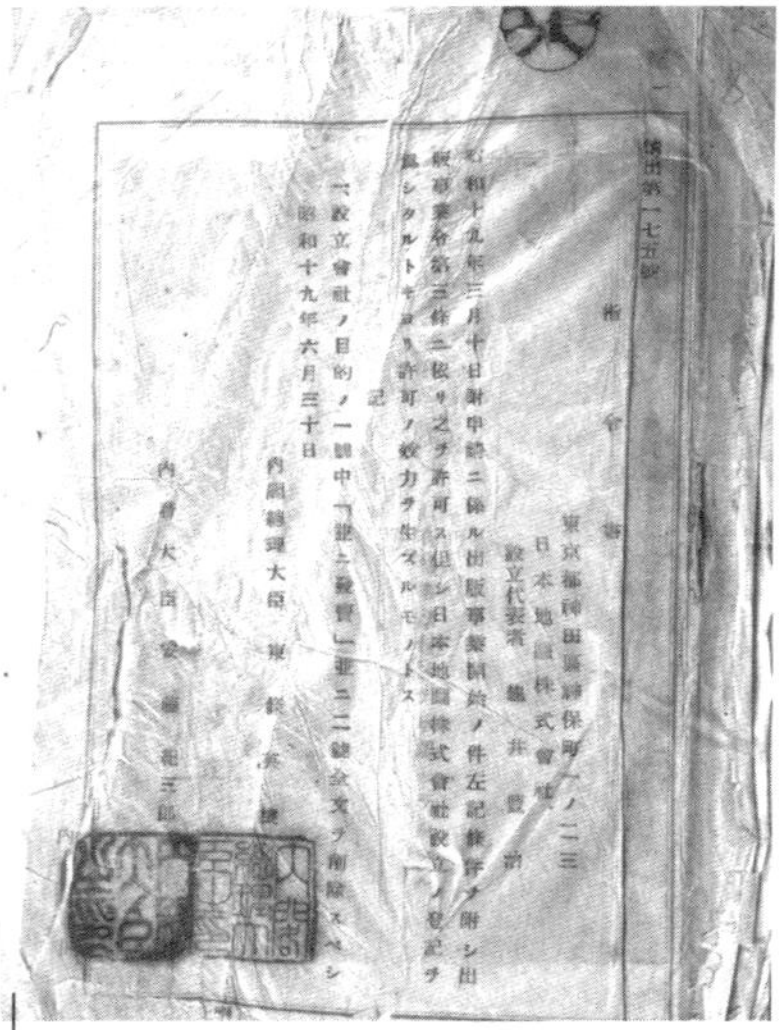
指令書
昭和十九年六月三十日
内閣總理大臣　東條英機
内務大臣　安藤紀三郎

「地図会社は一社に限る」内閣総理大臣東條英機の指令書
昭和19年6月30日付　内務大臣安藤紀三郎との連署㊞

社は我が国で一社となった。これ以降、特高警察と参謀本部のコントロールにより、地図の統制時代を迎えた。

●戦時中の地図統制と統制物資・供出

内閣総理大臣東條英機による指令で、地図の発行を一社に限定、文字通り地図が軍の統制下におかれた。戦時中の統制物資と云えば、米や塩などの主要食料や軍事物資用の布、特に軍服、医療関係、落下傘に使われる羽二重などが思い出される。そもそも戦争には軍事力が不可欠である。軍事力とは兵力、兵站いわゆる物資、輸送力、軍資金などである。当時、国家総動員令のもと、赤紙一枚で召集や学徒動員令により兵力増強を図った。また、婦女子までも動員しての生産増強に加え、銃刀などの供出、金属類回収令により、寺院の梵鐘まで供出させたことは、まだ記憶に新しい。しかし、地図が統制物資であったとは、一般国民にはあまり知られていない。よくよく考えてみれば、相手を攻めるのに地理、地形、地質、植生、海図、気象、資源などの情報無くして、軍隊は動けない。特に、陸軍は行軍、侵攻、駐屯に於いても地図は必需品である。裏を返せば、我が国の詳細地図が敵国に流出することは、防諜、国防上、絶対避けなければならないといえる。この重要な地図を軍部が放置しておくわけがない。結果、米英的地図を含め、市販禁止、回収命令が下り、12月8日のハワイ真珠湾攻撃によって開戦するのである。

●日本地図学会の前身「社團法人地圖研究所」設立

地図会社の一元的統合を図るとともに、学会に対しても社團法人地図研究所の創設を指導。昭和17年9月16日付文部大臣許可により設立された。日本地図株式会社設立へ向けて苦労している最中であった。日本地図株式会社の定款第一章第二條や、許可申請書の事業と社團法人地図研究所の「指導連絡ノ下ニ」と記載されている。地図の中身について指導と検閲を受けるというものであった。要するに、従来の検閲は特高警察だけが行なっていたが、学会という専門家集団を組織して、監修、検閲させようとしたのである。定款の目的には、「高度国防国家の完遂に協力、新日本文化建設に〜略〜」とあり、大東亜共栄圏構想そのものが描かれている。

ここに、軍・官では「陸地測量部と兵要地理調査研究会」、民間では、「日本地図株式会社と社團法人地図研究所」に整理され、軍・官・産・学の一体化がなされた。因みに、地理学会の重鎮は、二つの組織を併せても41名で、アメリカではワシントンＤＣに集められたといわれる地理学者は約１００名といわれ、これだけでも作戦などで劣勢だったことが判る。

戦後、日本地図株式会社は日地出版株式会社と改称、社團法人地図研究所は日本地図学会へと衣替えした。日本地図株式会社へ参加していた者は旧来の地図会社に復帰し、戦後の民間地図会社として活動することとなる。しかし、近年の地図業界不況により、日地出版株式会社をはじめ戦後の地図業界をリードしてきた多くの地図会社は、清算、倒産、破産に追い込まれた。また、日本地図学会は、２０１３年（平成25年）２月16日、日本国際地図学会に名義を譲り、現在の日本地図学会に引き継が

社團法人地圖研究所の定款

れた。（詳細については拙書・「地圖が語る日本の歴史〜大東亜戦争終結前後の測量・地図史秘話、暁印書館をご一読願いたい）

◆コラム◆◆◆

日本の軍事施設について

大日本帝国陸軍・海軍が総力を挙げて、営々と築いてきた軍事施設地図である。陸軍・海軍はもとより、日本統制地図株式会社が一致協力して作製した。これは、主要な軍事施設だけであるから、この他の関連施設や軍需産業までを考えると、日本列島そのものが、軍という鎧を纏っているようである。又そうしなければならない世界情勢であったことも事実である。

軍の重要施設は赤破線部で表現され、要塞地帯などは青破線部とし、測量及び高所よりの撮影禁止区域、軍機保護法により撮影禁止などと沢山記載されている。極秘地図であるが、当然アメリカなどには流出していたと考えられ、作戦に利用されていたであろう。

この地図からも空襲や原爆の標的となった場所に納得がいく。因みに、原爆は広島・長崎の次は、小倉（現北九州市）と新潟であったとされる。

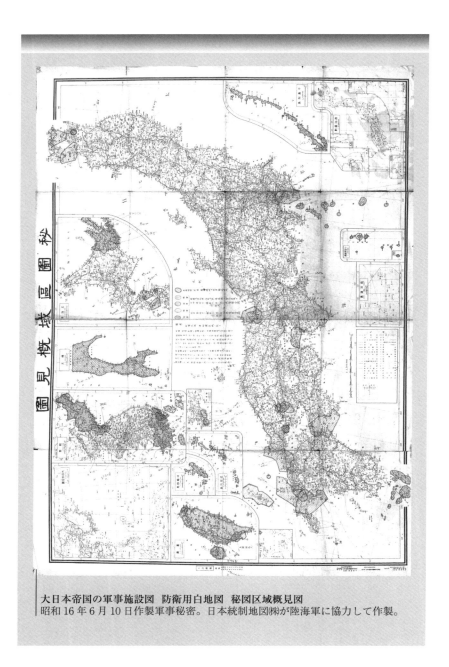

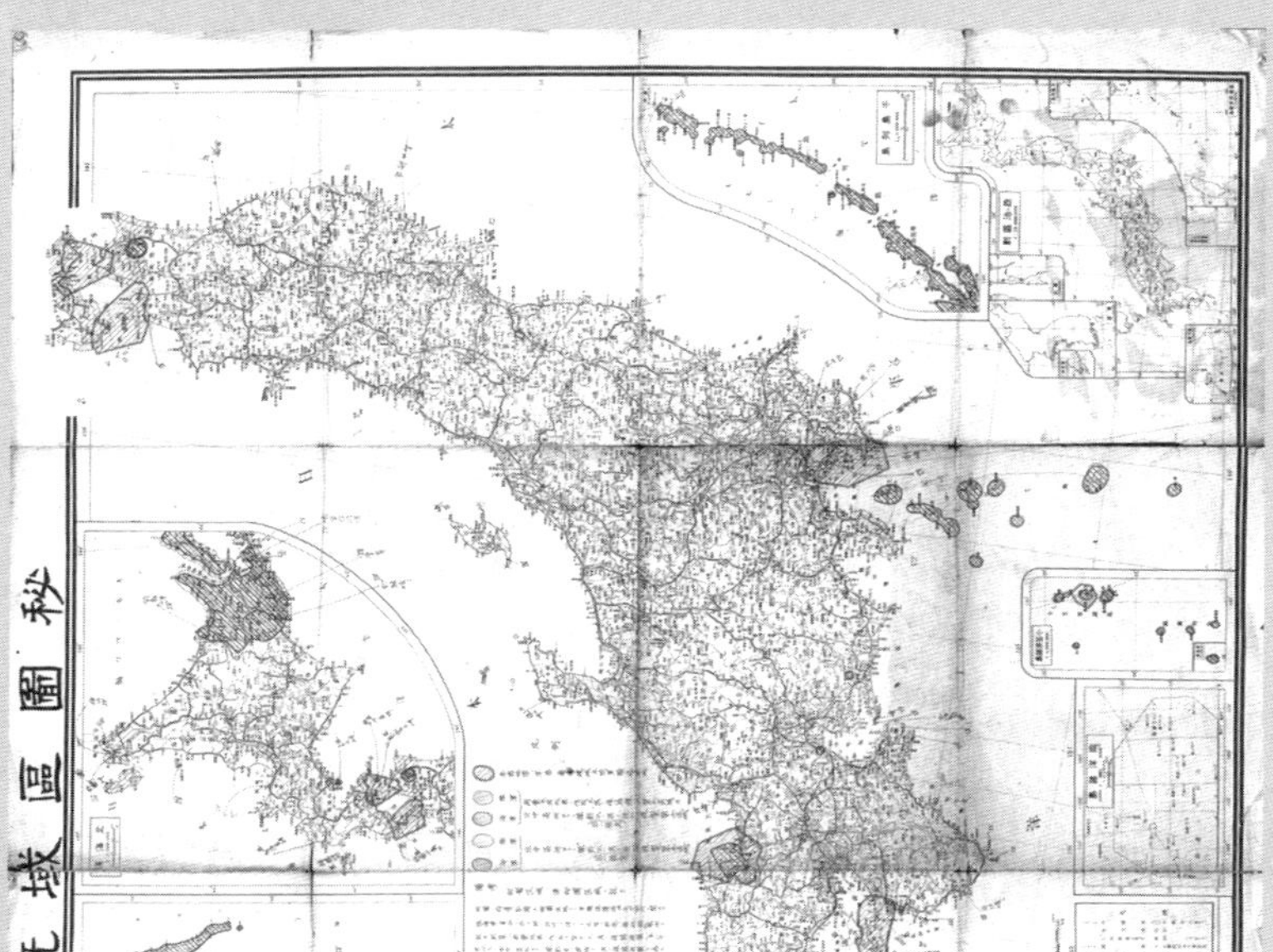

大日本帝国の軍事施設図　防衛用白地図　秘図区域概見図
昭和 16 年 6 月 10 日作製軍事秘密。日本統制地図㈱が陸海軍に協力して作製。

07　戦局悪化による陸地測量部の疎開
――大本営参謀本部と天皇・皇后は長野県松代へ、陸地測量部は波田村国民学校へ

本格的な本土爆撃、それも軍事施設だけでなく無差別の空襲が現実となった。

１９４４年（昭和19年）、井田正孝参謀の発案を基に、東條英機は決断した。それは天皇制、国体護持と本土決戦に備えるため、長野県松代を中心とした地域に、天皇・皇后を始め、皇族方の疎開、大本営や軍の施設、政府機関や日本放送協会（ＮＨＫ）などの放送、通信施設を疎開させるという一大事業計画であった。

何故、松代であったのか。兵要地理学的にも陸地測量部の作製した二十万分の一地勢図、五万分の一地形図などを見ると、松代の立地条件が読み取れる。

当時、「大本営の本土作戦研究委員会」では、米軍の本土上陸地点を首都東京市に近い太平洋側、千葉県九十九里浜と想定していた。しかし、渡邉参謀が組織した「兵要地理調査研究会」では、相模湾と想定していたが、大本営の中でも作戦本部と陸地測量部で意見が割れていた。九十九里浜に上陸するのは容易いが、首都を目指すには利根川、荒川、中川、江戸川などの河川や霞ヶ浦、牛久沼に加えて多くの田や湿地を進むため、戦車や軍用トラックなどが走行し難い。一方、相模湾なら一気に首都を目指せるのである。

戦後、ＧＨＱの話によると、やはり相模湾上陸作戦を計画していたことが判った。地理を知り、地形、地質、植生などを熟知していれば容易に判ることである。

では何故、松代への疎開だったのか。長野市から篠川、千曲川を挟んで８㎞に位置し、深い山懐に抱かれ

て、周囲から孤立している。市街地は袋谷の平地であるが、北は千曲川の河道に遮られている。他の三方は山の斜面が迫っていて、自然の要害をなしている。更に、上陸地点として想定していた千葉県九十九里浜の海岸からは遠く、山々に囲まれている。

また、長野県の中でも空爆に充分耐えられる地層の堅い岩盤の山々である（この時は原子爆弾は考えられていなかった）。陣地や軍事施設を構築する山の配置もほど良く、地理学的、気象学的にいっても、発散、収斂、上昇、沈降、即ち上空の気象も複雑で、地形的に戦闘機などの急降下がし難い所である。ましてや、冬ともなれば雪という気象条件も加わり、籠城には非常に良い場所といえる。

●陸地測量部の疎開始まる

1945年（昭和20年）4月に、東京三宅坂の庁舎から杉並の明治大学校舎に疎開したが、ますます空襲が激しくなり、同5月に本部をはじめその殆どを疎開させることになった。

当初、箱根が検討されたようだが、地図は写真を扱うため、水質も良く水量も豊富でなければならないとして、長野県松本平波田村周辺になった。同時に、大本営参謀本部や天皇・皇后両陛下などの松代疎開に向けた工事も始まっていた。この工事に際して、山を掘り進む難工事に、波田村に疎開していた陸地測量部が測点を設置しながら、設計通り正確に掘り進んだという。その他の皇族は波田村の至近、長野県梓村の大宮熱田神社、皇太子殿下は栃木県日光湯元へ学童疎開した。

陸地測量部本部は波田国民学校、その他の組織や倉庫は温明、梓、安曇、塩尻の各国民学校へ分散疎開した。幹部の一部は大宮熱田神社の大宮会館一帯に宿舎を設けた（二階には皇族方が疎開予定）。総勢千人を超え

大宮熱田神社
参謀本部将校達が参拝した。

隣接する大宮会館
1階は陸地測量部の幹部、
2階は皇族方の疎開を予定。

る大所帯の引越しは、荷造りだけでも相当の時間と労力を要した。二十万分の一の地勢図の原版（銅板）他、地図や資料を荷造りして新宿駅から貨車で運ぶはずであったが、5月24日の空襲で貨車ごと焼失してしまった。この時、三宅坂の庁舎も炎上してしまった。幸い、多摩川縁にある倉庫に移しておいた、五万分の一地形図の原版（銅板）などは焼けずに助かった。そしてこれらの大半を安積国民学校へ疎開することが出来た。終戦後、GHQによる地図の接収が行われるが、同行案内した渡邉参謀の働きによって助かり、内務省地理調査所から今日の国土交通省国土地理院へと繋がるドラマとなる。（拙書「地圖」が語る日本の歴史、暁印書館）

●松代大本営の施設概要と工事

防衛省防衛研究所戦史部に当時の設計図が保存されている（同省図書館史料室で公開）。

「松代倉庫新設工事設計図」、図面紙数表紙共参拾参葉、東部軍経理部編である。まず施設の全体像と疎開計

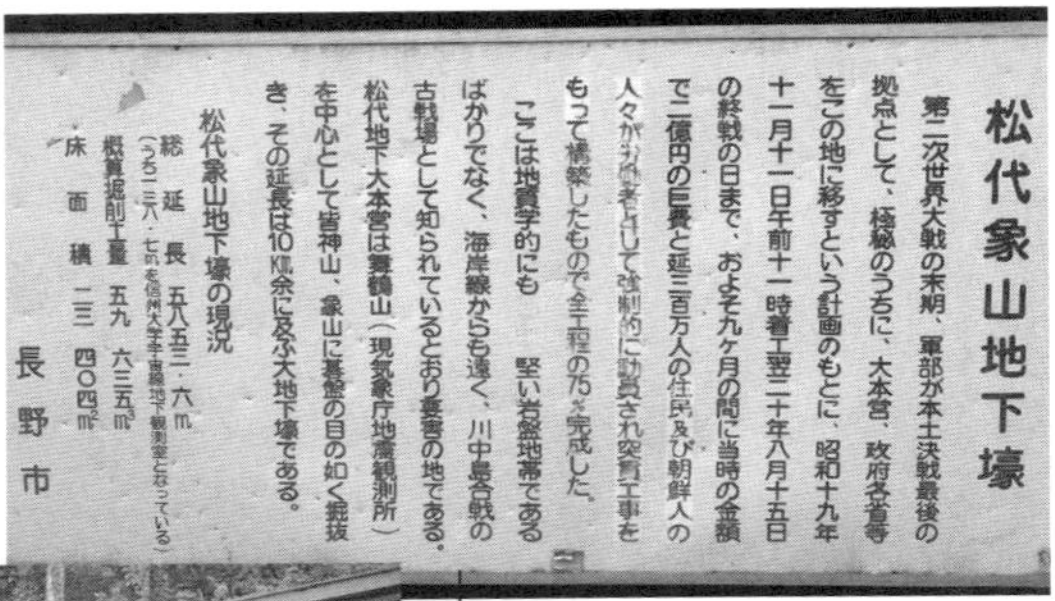
松代象山地下壕
第二次世界大戦の末期、軍部が本土決戦最後の拠点として、極秘のうちに、大本営、政府各省等をこの地に移すという計画のもとに、昭和十九年十一月十一日午前十一時着工翌二十年八月十五日の終戦の日まで、およそ九ケ月の間に当時の金額で二億円の巨費と延三百万人の住民及び朝鮮人の人々が労務者として強制的に動員され突貫工事をもって構築したもので全工程の75％完成した。
ここは地質学的にも　堅い岩盤地帯であるばかりでなく、海岸線からも遠く、川中島合戦の古戦場として知られているとおり要害の地である。
松代地下大本営は舞鶴山（現気象庁地震観測所）を中心として皆神山、象山に碁盤の目の如く掘抜き、その延長は10Km余に及ぶ大地下壕である。
松代象山地下壕の現況
総延長　五八五三・六m
（うち二三八・七mを信州大学宇宙線地下観測室となっている）
概算掘削土量　五九、六三五㎥
床面積　二三、四〇四㎡
長野市

ヘルメット着用
頭上注意

松代大本営 象山地下壕
標高476mの岩盤を削りトンネルを掘った。昭和19年11月11日11時に着工、大本営松代移転の象徴として保存されている。

波田国民学校（現波田小学校）
陸地測量部本部が疎開。8月15日正午の玉音放送を全員校庭で聞いた。

画を見てみると、松代町を中心にして須坂、小布施、中野、長野善光寺、川中島小市の広範囲に亘っている。その中でも中心となっているのが松代町南側に位置する山々である。主な施設としては、舞鶴山（白鳥山）標高５５９ｍ、大本営参謀本部と皇居が疎開予定。御座所建設のため、地元住民１００軒以上が強制的に立ち退かされたという。さらに、兵器、軍事物資の為の倉庫を作ったが、戦後発生した松代群発地震を機に、以後気象庁が精密地震観測所として使用した。ここに高感度地震計や地殻変動観測器が設置されて、地震観測の他、地下核実験監視データ採取も行った。最近では北朝鮮での核実験が世界を揺るがせたが、裏付けとなるデータが、ここで採取され報道された。

次に皆神山（標高６７９ｍ）だが、地下から押し出された粘り気の強いマグマが固まって出来た火山円頂丘である。ここに皇族方の疎開を計画していたが、実際工事を開始してみると思ったよりも岩盤が硬くなかったので、計画を変更して一部食料などの倉庫とした。現在ではすでに崩落して施設はない。

弘法山（標高６９４ｍ）には、皇位継承に必要とされる、「三種の神器」を安置し、祭祀を執り行う、「賢所」が計画された。ここは着工されたが、杭のみの段階で終戦となった。

象山（標高４７６ｍ）では、地下壕が最も早く着工された。１９４４年（昭和19年）11月11日、午前11時、何故か1ばかり着く月日と時間に着工されている。

このように、舞鶴山を中心に皆神山、象山の３か所に碁盤の目のように掘り抜かれ、その延長は10㎞にも及ぶものである。全工事の75％位完成したところで、８月15日の終戦を迎え、この壮大な難工事は中止された。なお、海軍は独自に川中島小市で海軍壕を掘削していた。これも途中で中止となった。

●沢山の硐《ズリ》は厚木飛行場や青森県三沢飛行場の滑走路づくりに

硐《ズリ》とは山の堅い岩盤をダイナマイトで削った瓦礫である。8月15日終戦を迎えた時、この工事の指揮をとっていた将校が山頂で割腹自決をした。しかし、9ヶ月に及ぶ難工事では日本人だけでなく、朝鮮半島から徴用工として働かされ、沢山の犠牲者が出ているが、その実態は明らかにされていない。

一方、占領軍ＧＨＱはこの松代に目をつけ軍政部を設置した。中央本線、長野信濃鉄道、長野飛行場も近く、交通が至便とはいえＧＨＱまでもが、この川中島古戦場辺りの戦略性に目をつけたのかと思うと面白い。実際には地理地形上、送受信施設にも都合が良く、多量の資源、硐に目をつけていた。

大本営の移転と工事に関係した将校が、ＧＨＱの許可を得て地元の会社に協力して貰い、この硐を砕石したあと、長野電鉄松代駅から15トン貨車で運び出し、厚木飛行場、青森県の三沢飛行場に送り、滑走路作りに使った。また、東京の復興に必要な資材や道路舗装にも使われたという。このことを考えても地下壕が、いかに大きく、いかに多量の硐が出たかが判るであろう。

08 終戦間近の兵要地理調査研究会

１９４４年（昭和19年）10月、大本営第二部参謀（後の兵要地誌担当）に渡邉参謀が就任し、「本土決戦を間近にして必勝の戦略・戦術」を練り、戦局打開の糸口を見出すため、１９４５年（昭和20年）４月に兵要地理調査研究会が組織された。これは、陸地測量部内で学者の協力を得て、軍・民一体の総力戦をとるために、渡邉参謀が発案したものであった。特に、米軍の上陸が何処になるかを予想して作戦を立てることが重要な課題となっていた。

大本営参謀本部の中でも、主力の作戦参謀達の中には地理・地政学に明るい者がいなかった。例えば、単純に地図上に線引きし、広東以南は熱地作戦地帯につき冬用の軍服などはいらないとした。東南アジア地域でも標高の高い山岳地帯では、降雪、積雪に見舞われる。現地の声、要望等を無視して半袖、半ズボンでの軍服を押し通したほどであった。

●陸軍と海軍が唯一協力した地図

大本営参謀本部の本土作戦研究委員会の検討では、千葉県九十九里浜と予想して、仲の悪い陸軍と海軍がこの難局にあたり協力して地図を作製した。

①九十九里浜に上陸して首都を目指した場合
②東京湾から侵攻してきた場合
③北海道網走の海岸線に上陸してきた場合

等々に備えて、地形図と海路図を組み合わせた作戦用地図を作製した。

勿論、「軍事機密・軍事極秘」として一般には公開されなかった。しかし、我が国の存亡に係わる問題で意見が分かれていては、作戦に齟齬をきたすと考え、学者を含めた専門家集団における、地理学的見地からの研究が必要と考えたのである。結果、15名による本研究会は相模湾上陸との結論を出し、8月に入り神奈

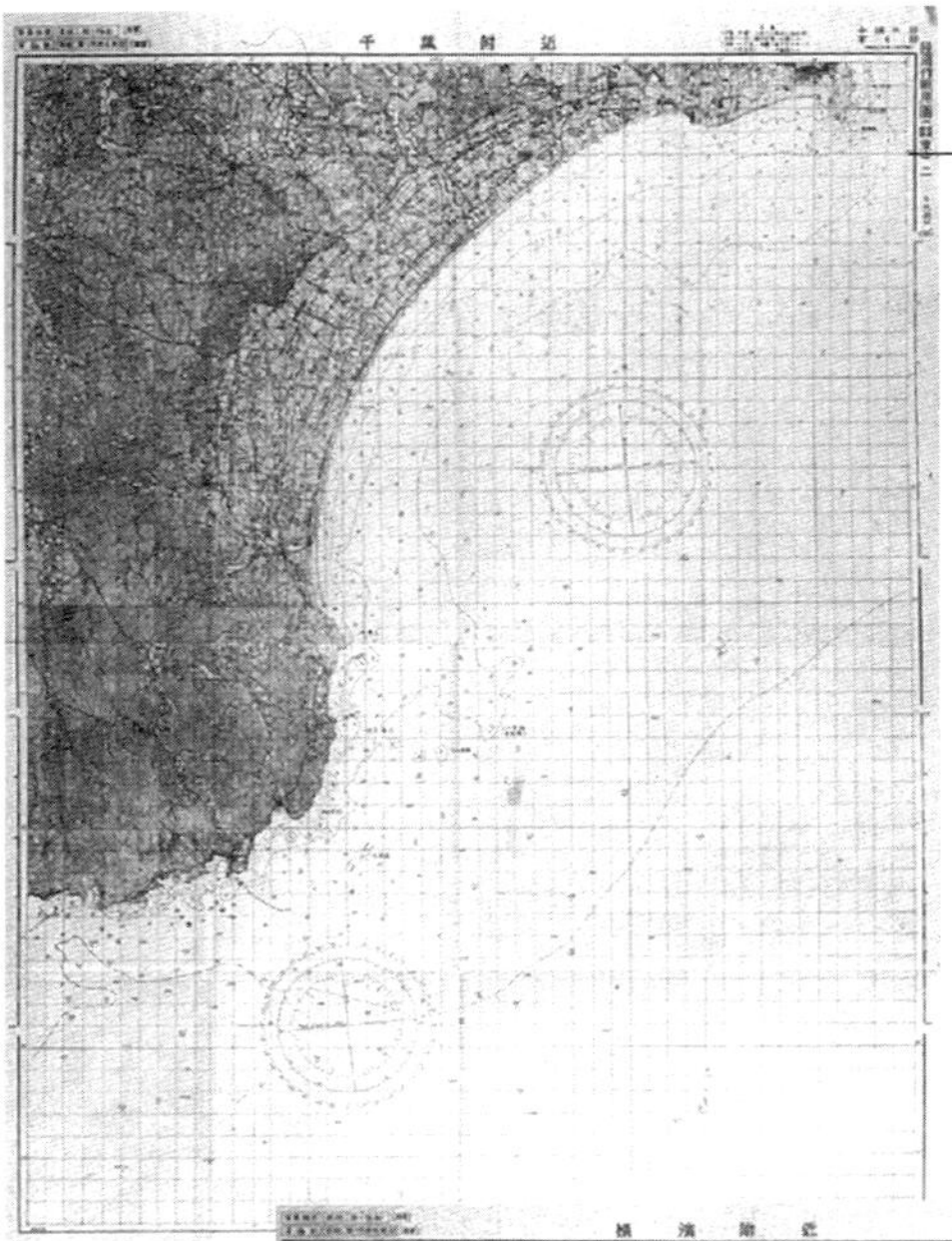

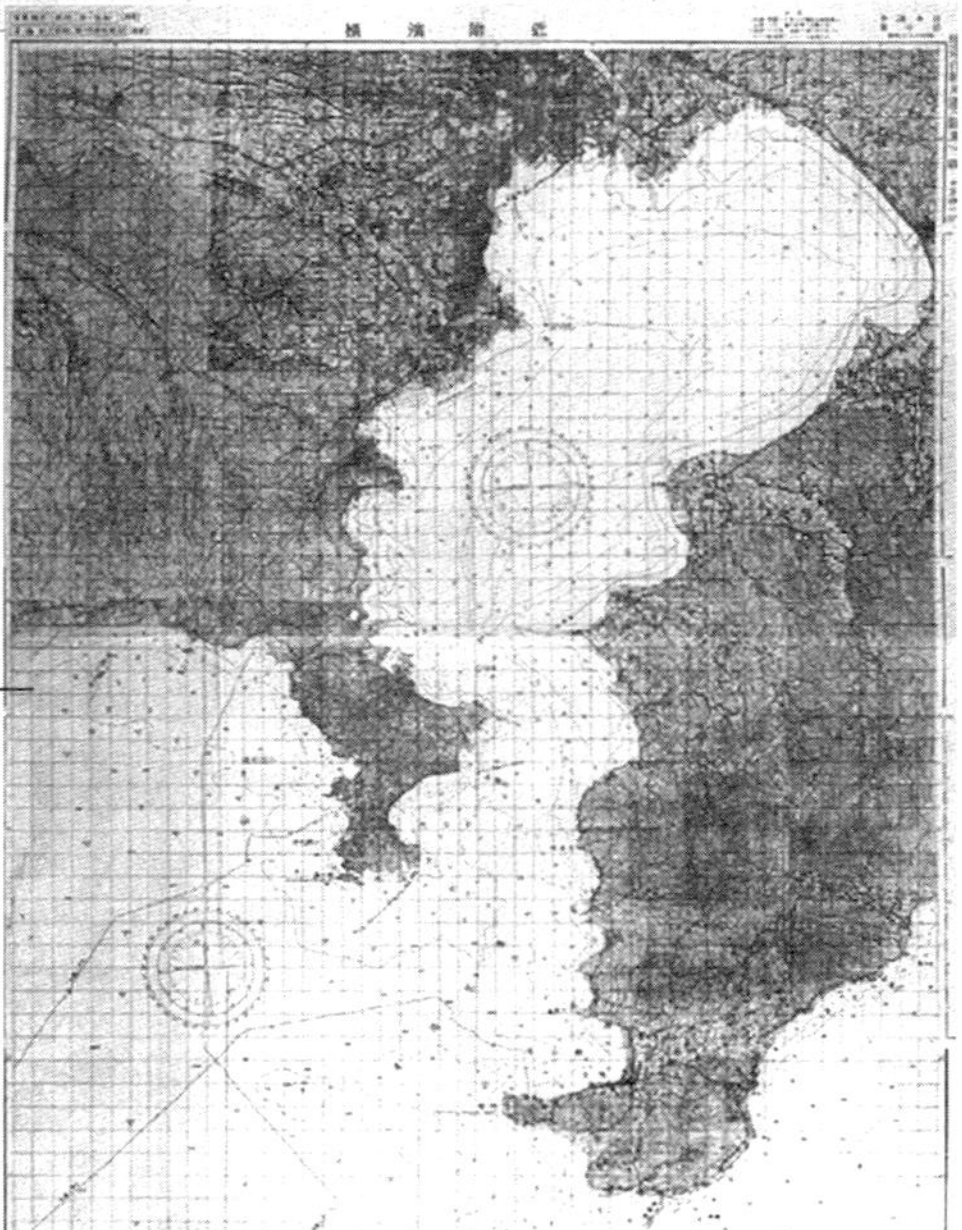

「軍事秘密」
陸海作戦用図
昭和20年3月30日参謀本部軍令部製。本土決のため陸軍と海軍が協力して地形図と海図を組み合わせて作製

川県茅ケ崎に10cm榴弾砲部隊が配属され上陸に備えたが、15日に終戦となってしまった。

地図上で上陸し易いとか、し難いではなく、上陸してからの地形、地質、植生など地理学的に研究すると相模湾となるのである。

終戦2日後の8月17日に印刷された米軍製日本全図がある。実に良く研究して作製している。特に、戦車や軍用トラックの走行に障害となる河川、湖沼などの地形を水色で強調、実戦向きに作製されている。ワシントンＤＣに優秀な地理学者約１００名を集めて、研究し地図作製作業に当らせていたことも、このことから裏付けられる。

09 米軍の日本地図作製について

アメリカが日本に上陸し、侵攻作戦に使う地図が実に良く出来ていて面白い。広島、長崎に相次いで原爆が投下され、さしもの大日本帝国も、天皇陛下の玉音放送をもって、終戦を宣言した。しかし、米軍は日本本土上陸・占領を想定し、詳細な地図を作製していた。終戦宣言二日後の8月17日に刊行されたものである。

本土のみで島の地図はなく、全て英文で作製されており、二十五万分の一、一度単位のメッシュ切りで、日本列島47シートからなっている。当然、日本の地形図を持ち出して作製したのであろうが、ここまで完璧に作られていたのである。この他にも、海軍用として、日本列島を取り巻く海路図も完璧に作製されていた。地図の流出は、このような地図が作製され、軍事利用されることになる。だから、防諜・国防上からも地図が流出しないよう統制されるべきものなのか、このことは先のシーボルト事件でも実証されている。今のグローバル社会においてすら、地図の国外持ち出しを禁じている国があると聞いている。

改めて地図を良く見てみよう。ＬＥＧＥＮＤ（凡例）で面白いのは、赤の旗竿が延々と伸びていることである。日本人が見れば鉄道だと思いがちだが、実は県道である。山の表現に乏しく、水田ばかり強調されて

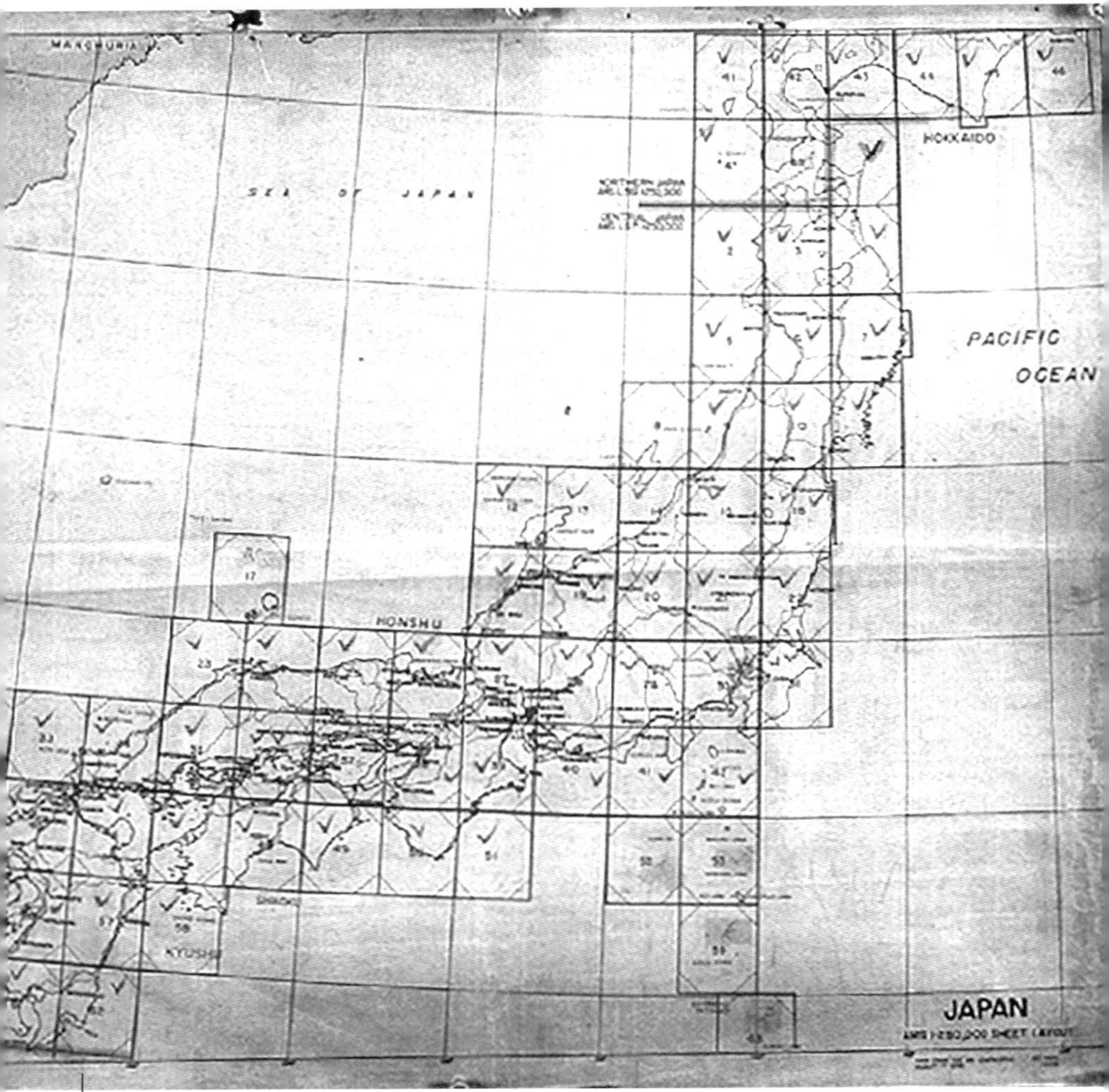

米軍の作製した日本地図　終戦２日後の８月 17 日刊行 47 シート　メッシュ

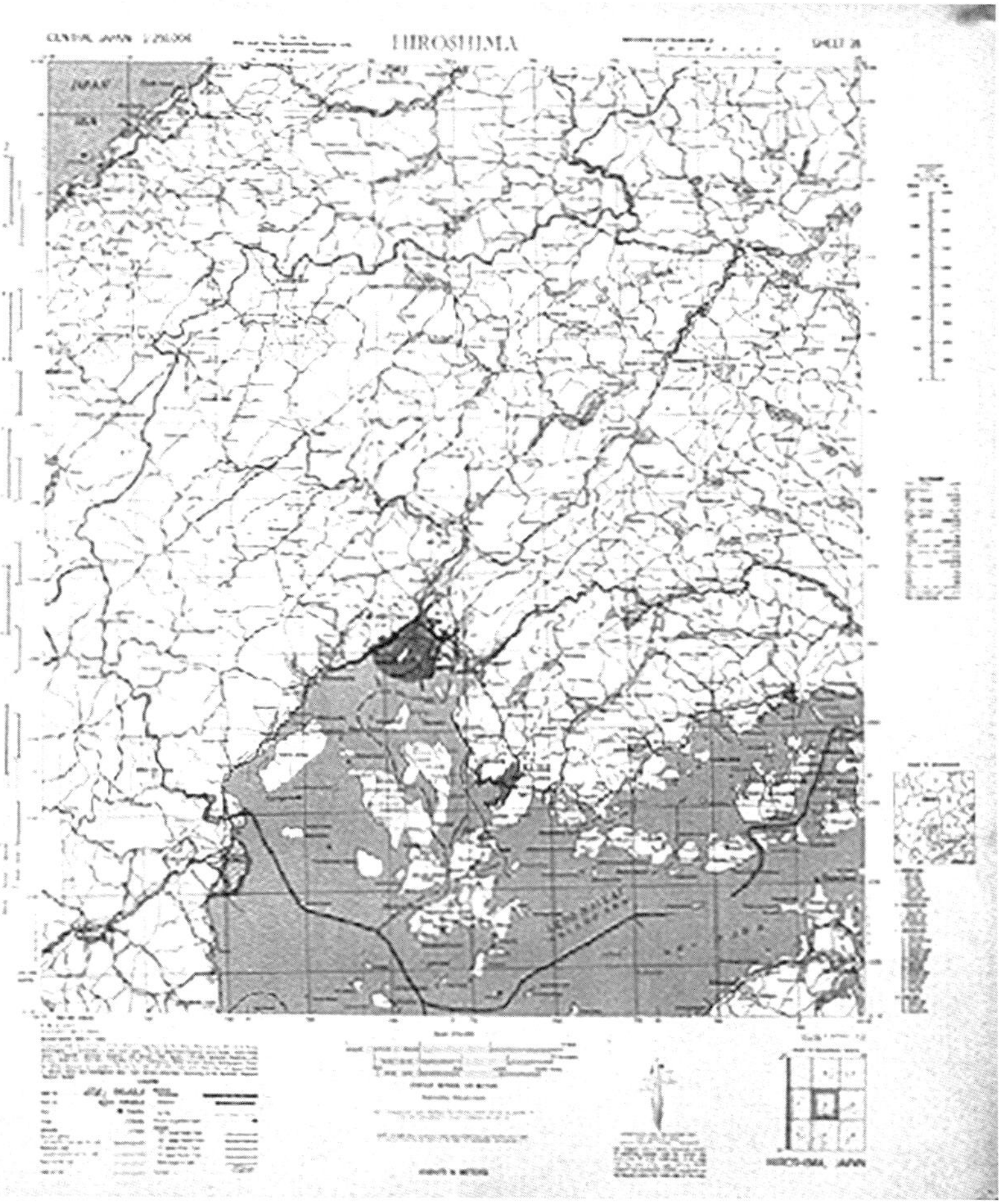

広島

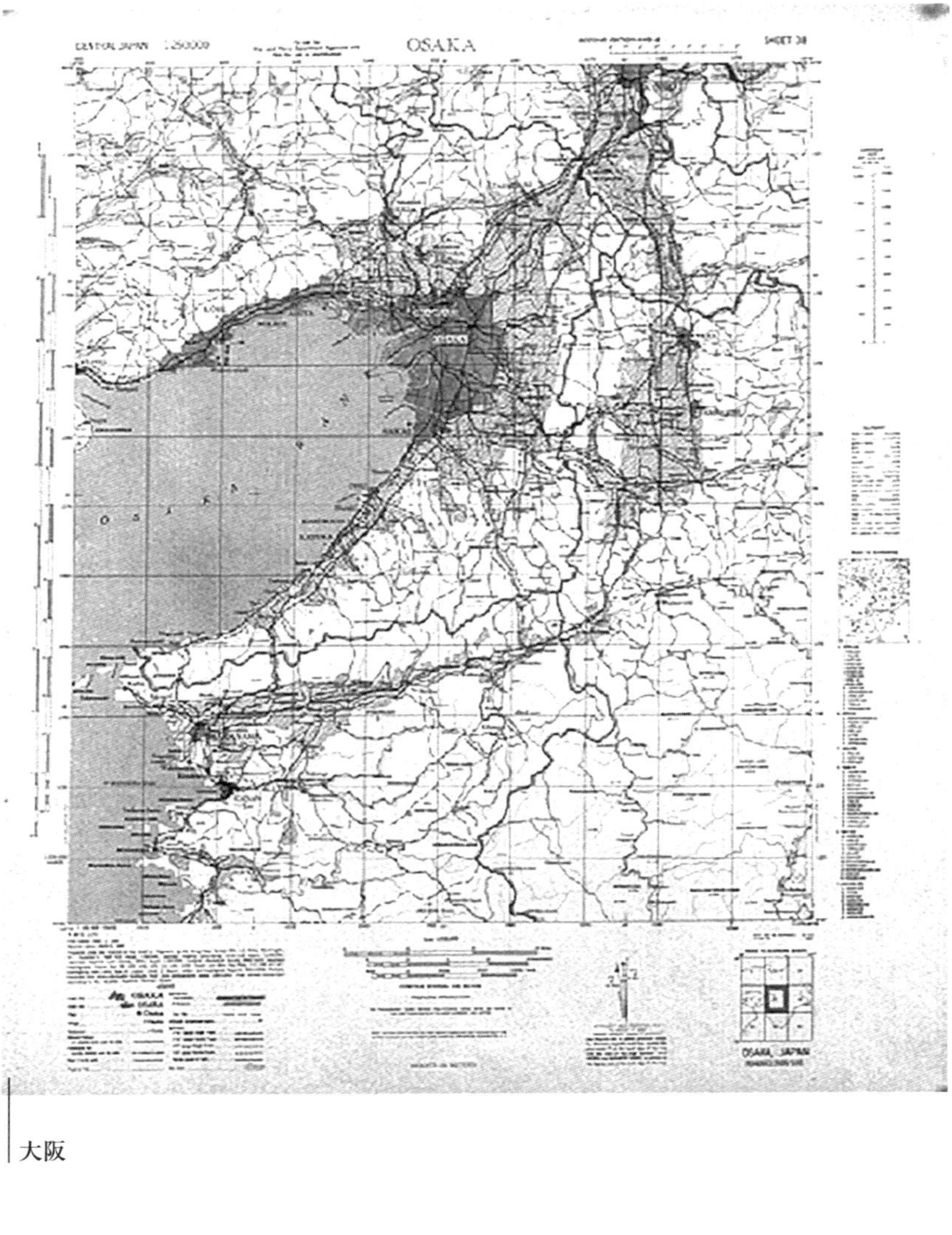

大阪

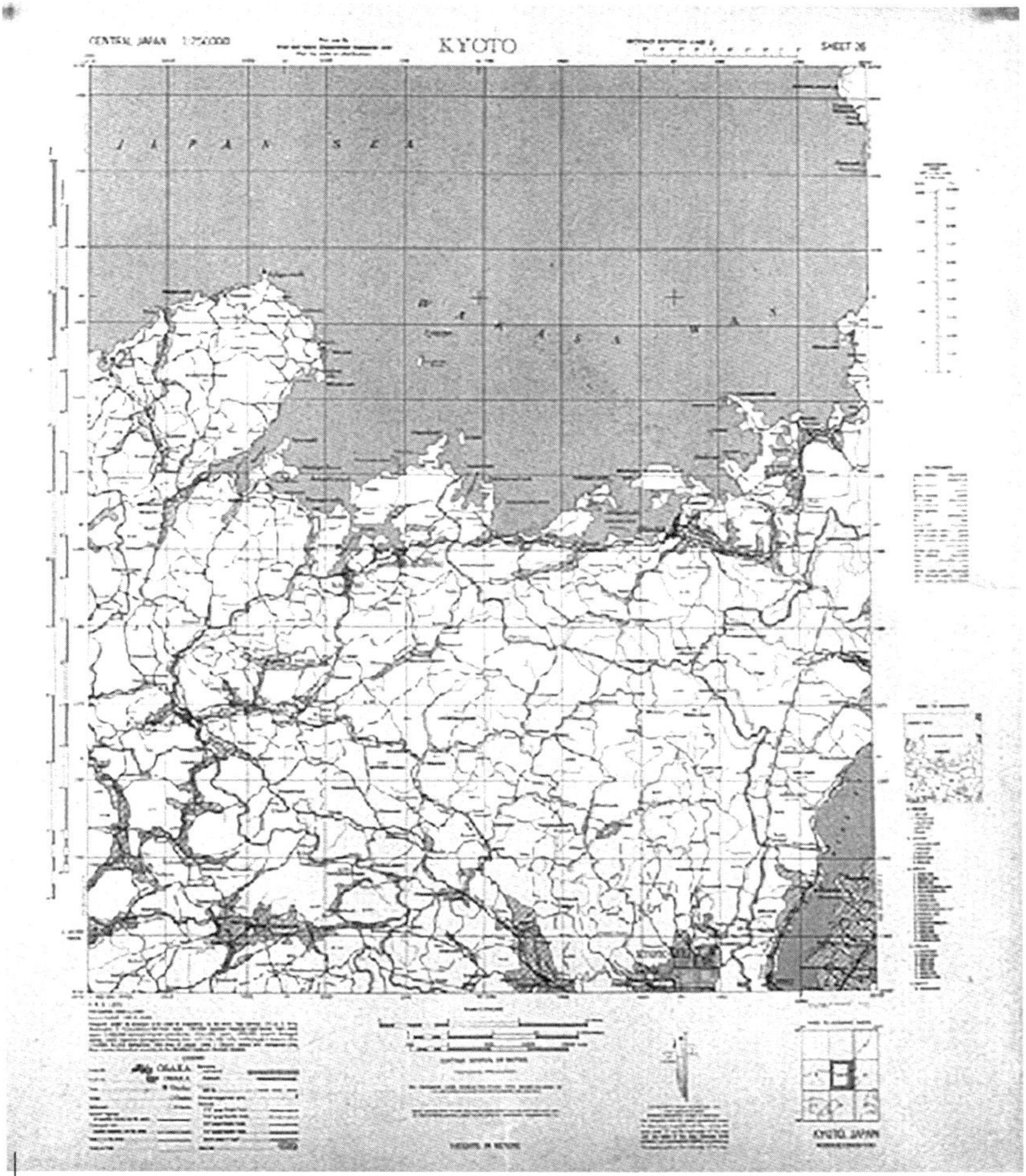

京都

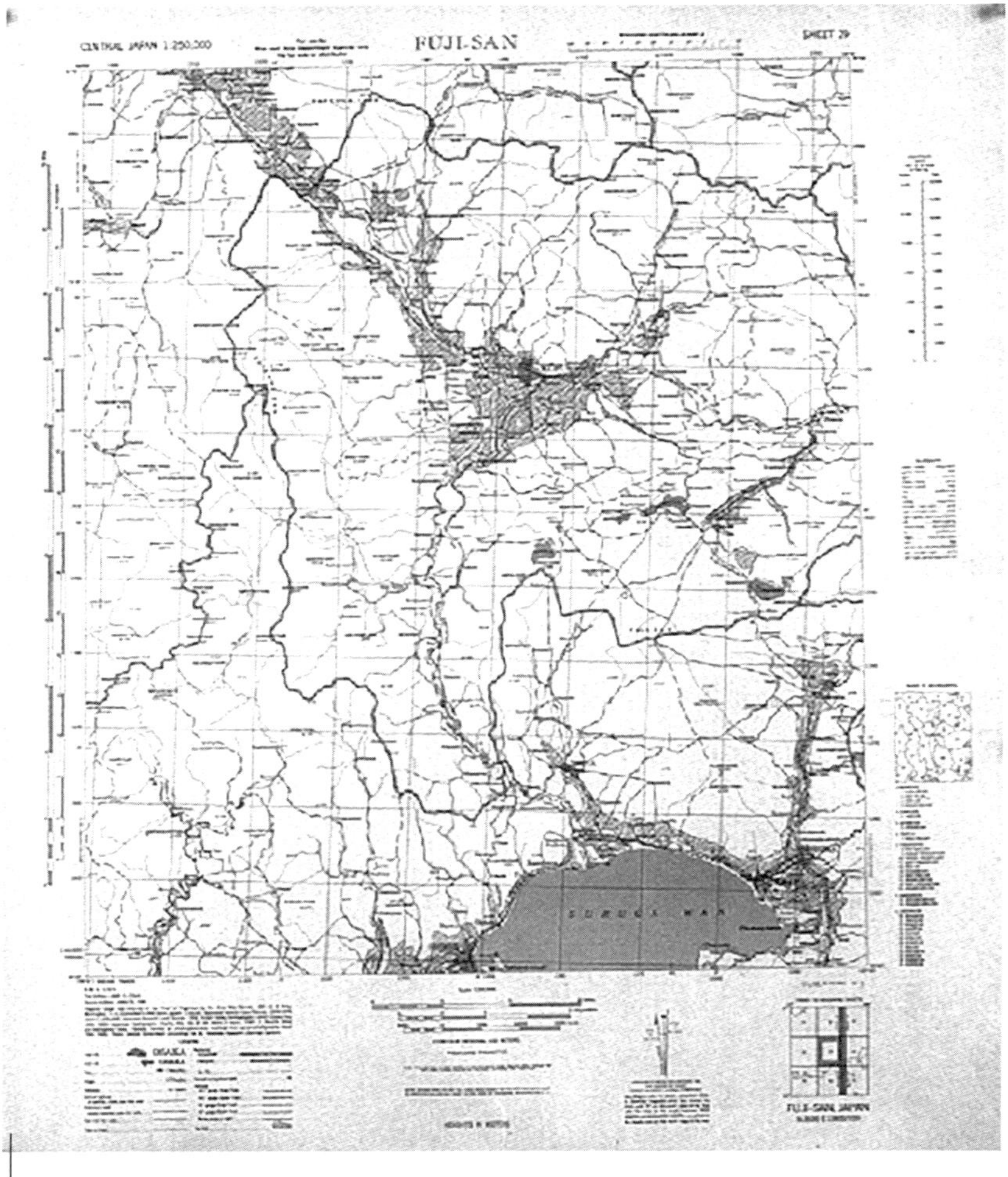

富士山

いるのは、穀倉地帯だからと思いきや、水田は戦車や軍用トラックが通れないため、赤で強調している。戦車、軍用トラックは野を越え、山を越え走るが、鬱蒼たる森林地帯はどうする？　焼き払うつもりなのか？　沖縄戦での火炎放射器の様子を思い出す。アメリカ軍としてはまだ戦争が継続すると思い作製したのであろうが、まさか、完成する２日前に終戦になろうとは思わなかった。勿論、この地図はＧＨＱの占領下において活用されたが、占領政策終了、ＧＨＱ解散時には、我が国に残していったものである。

10　20世紀は戦争の時代——「現世界大戦・戦闘経過・記録大地図」が語る

我が国が開国し、明治維新となって周囲を見回すと、殆どが植民地化されていたことは前述したとおりである。また、時を経て第一次世界大戦後、石原莞爾の言を待つまでもなく、日米決戦迄のシナリオは、それこそ弱肉強食、侵略戦争の連続であった。それらを「現世界大戦・戦闘経過・記録大地図」が語っている。１９３７年（昭和12年）から６年間にわたる戦争記録である。僅か６年間とはいえ、我が国周辺での多さもさることながら、ヨーロッパ大陸での多さ、それは「戦争だらけ」という表現がピッタリである。

このような世界情勢だからだったのか、また我が国も大東亜共栄圏構想をひっさげての戦いだったのか、やがて軍部と政府の統一性のなさから、外交の失敗を招いていく。

１９４０年（昭和15年）頃には、日中平和交渉が挫折し状況が悪化していき、いよいよ終局の日米決戦へと突き進むのである。

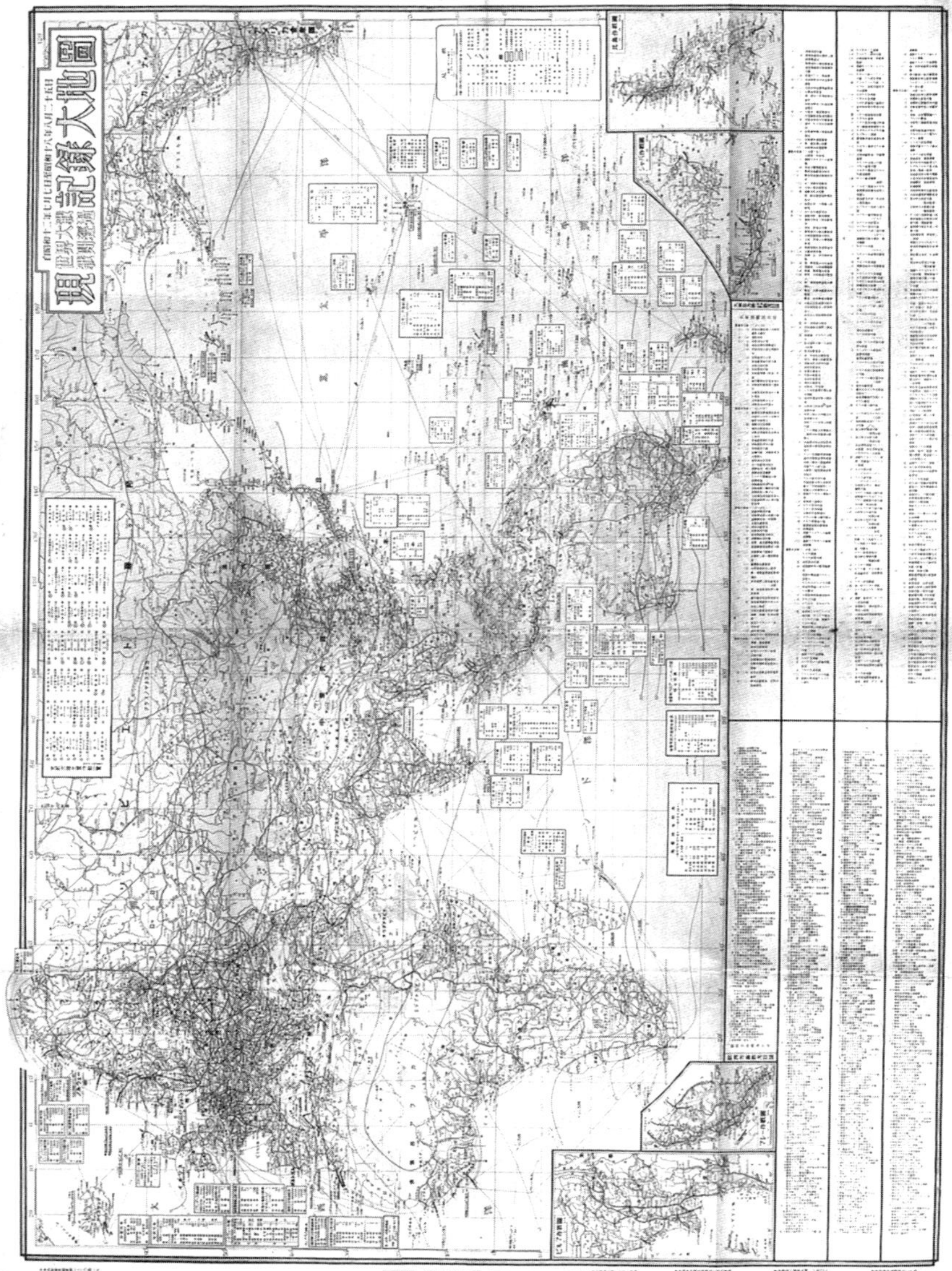

現世界大戦・戦闘経過・記録大地図
昭和18年12月21日、大東亜地図製作研究所編。これは昭和12年7月7日から昭和18年8月25日の6年間に亘る、世界での戦争記録。これ以後は戦況悪化で地図を作っている余裕がなくなったので記録されていない。3円50銭　109×77の大地図

この頃には台湾、朝鮮、満州、南洋諸島の測量も終了し、少なくとも地図という軍事物資は整えられていた。また、この世界大戦の記録地図は１９４３年（昭和18年）８月25日をもって終わっている。それは戦局が悪化してきたため、参謀本部陸地測量部も長野県波田村へ疎開することを余儀なくされたことと、本土への空襲激化により「地図作りどころではなかった」ということを、歴史の証人として証言している。

11　では一体、大東亜共栄圏方面（含む北方）で何が起こっていたのか
――戦況日誌の記録を読み解く

戦況日誌（大東亜地図製作研究所編）をじっくりとご覧頂きたい。刻々と変わる様子が判る。

１９３７年（昭和12年）

7・7…支那事変勃発―大東亜戦争の端緒／29…通州事変
8・8…皇軍北京入城／14…第一回渡洋爆撃敢行／25…支那沿岸の航行遮断宣言／27…皇軍張家口入城
9・3…我陸戦隊東沙島占領／13…皇軍大同占領／27…皇軍済南占領
10・14…皇軍綏遠城（厚和）攻略／28…蒙古連盟自治政府設立
11・5…皇軍杭州湾敵前上陸敢行／6…日独伊防共協定ローマで調印／

1937（昭和12）

20…大本営設置
12・13…皇軍南京攻略

1938（昭和13）

1・16…帝国政府爾後国民政府を相手とせずと重大声明を発表／
24…海鷲宜昌初爆撃
2・11…黄河作戦開始さる
3・28…中華民国維新政府南京に成立
4・11…我陸戦隊厦門占領
5・19…皇軍徐州完全占領
6・2…皇軍開封占領／　13…案慶占領　支那軍黄河を破壊
7・12…張彭峯事件勃発
8・10…日ソ停戦協定成立／11…海鷲武昌　漢口爆撃
9・28…海鷲昆明初爆撃
10・12…バイアス湾敵前上陸、信陽攻撃／21…皇軍廣東完全占領／
27…皇軍　武漢　三鎮完全占領
11・11…皇軍岳州に突入／23…山西省討伐作戦開始
12・30…汪精衛香港より重大声明発表

1939（昭和14）

1・10…陸鷲重慶初空襲
2・10…皇軍海南島に奇襲上陸／12…陸鷲蘭州第一次爆撃／
23…安陸作戦開始／25…海州作戦開始
3・27…皇軍南昌占領／31…新南群島領有宣言
4・14…海鷲蒙自初空襲
5・8…信陽　浙河殲滅戦展開／12…我陸戦隊彭浪嶼島上陸
6・22…汕頭敵前上陸敢行
7・2…外蒙軍に対し総攻撃開始／12…福建新作戦開始／
15…日英会談東京に開催／26…米・通商航海条約廃棄通告
8・16…英支国境に新作戦開始（九龍）／20…英東京会談打切り声明発表
9・1…蒙古連合自治政府成立／4…政府欧州戦争不介入を中外に声明／
18…江西作戦開始高安占領
10・30…陸鷲　洛陽、兵凉を爆撃
11・15…野村　スメターニン第一次会談／17…欽州城占領
12・22…野村　グルー第四次会談

1940（昭和15）

1・10…海鷲　桂林爆撃／22…浙東作戦開始／
27…有田　クレーギー会談

1940（昭和15）

2・3…五原占領

3・12…汪精衛和平建国宣言／30…中華民国新政府南京に遷都

4・15…有田外相蘭印現状維持声明

5・20…漢水策戦開始　白河無血渡河

6・12…皇軍宣昌占領／19…我政府仏印の敵性に厳重抗議提出／

22…香港北方に新作戦開始

7・1…仏印援將路の要衝龍州占領／29…英国スパイ一斉検挙

8・31…日支交渉成立共同声明発表

9・1…山西共産匪殲滅戦開始／13…日蘭會商開始／

16…泰　仏印へ湿地恢復を要求／23…皇軍北仏印へ平和的進駐開始／

27…日独伊三國同盟成立

10・12…大政翼賛会発会式挙行／14…支那在留米人引揚開始

11・10…紀元二千六百年式典挙行／27…汪精衛重慶に即時停戦勧告／

30…日華基本条約締結

12・8…泰　仏印遂に交戦／30…日仏東京会談開催

1941（昭和16）

1・2…日蘭第一次会談／23…海鷲ビルマルート再遮断／

25…河南大殲滅戦開始／31…泰仏印停戦協定成立

2・8…蘭印政府輸出制限令公布／20…日ソ通商交渉開始／
25…江北に新作戦開始
3・4…陸鷲長沙大空襲／11…泰　仏印国境紛争調停成立／
27…松岡外相　ヒ総統と初会談
4・13…日ソ中立条約成立／15…陸鷲金華　蘭谿連爆／
16…銭塘江南岸に新作戦開始／20…温州　寧波を占領
5・3…撫湖南方に新作戦開始／6…日仏印経済協定成立／
8…山西　河南に大殲滅戦開始／9…泰仏印間平和条約成立
6・18…日蘭會商決裂／23…近衛　汪　共同声明発表
7・5…泰　満州国を正式承認／8…海鷲第二十次重慶爆撃／
19…芬蘭　満州国を承認／25…英米　日本資産を凍結／
27…英　通商航海条約を癈棄／
28…蘭印　日蘭金融協定を破棄　蘭印　日本資産を凍結／
29…日仏共同防衛協定成立　皇軍南部仏印に増派進駐
8・1…米対日石油禁輸強化発表／4…米ソ通商協定成立／
5…皇軍泰仏印国境へ進駐完了／14…我艦隊　サイゴン入港／
23…野村駐米大使ハル長官と会談
9・7…泌河作戦開始／18…第一次長沙作戦開始／

1941（昭和16）

10・21…北江　新会に作戦開始／
28…皇軍長沙を完全占領

10・2…鄭州作戦開始／18…東條内閣成立／
26…汾西作戦開始

11・1…信北作戦開始／5…魯南作戦開始／
17…日米第一次会談／26…ハル長官傲慢不遜の対日通牒／
27…在支米国駐屯軍上海引揚

12・5…日米第八次会談対米回答手交／
8…米英に対する宣戦の大詔渙発　皇軍マレー北部に奇襲上陸／
ハワイ海戦大空爆敢行一挙米太平洋艦隊を撃滅す／
日泰協定成立友好的進駐開始　日仏印軍事協定成立
10…マレー沖海戦英極東艦隊主力激滅陸海軍部隊比島に敵前上陸／
陸海軍部隊グアム島上陸／
11…日独伊三国同盟強化協定成立／
12…グアム島完全占領／
支那事変を含み対米英戦を「大東亜戦争」と呼称する旨発表／
16…英領ボルネオに敵前上陸／18…香港島上陸敢行／
19…ダバオ完全占領　ペナン完全占領／21…日泰攻守同盟成立／

23…ウエーキ島上陸占領／24…ラモン湾敵前上陸　湘贛地区新作戦開始／25…香港陥落／29…海鷲コレヒドール要塞初爆撃／30…海鷲シンガポール要塞初爆撃

1942（昭和17）

1・2…マニラ陥落　カビテ軍港占領／4…長沙完全占領／5…我潜艦米水上機母艦撃沈／11…我落下傘部隊メナドに初降下　クアラルムプール占領／12…米航空母艦レキシントン撃沈／18…日独伊新軍事協定成立／19…タボイ占領／23…ラバウル　カビエング上陸／24…陸海軍バリクパパン上陸占領　セレベス島ケンダリ上陸／英領ボルネオ戡定／25…泰国米英に宣戦布告　ビルマへ進撃／27…エンダウ沖海戦／29…ポンチャナク完全占領／31…モールメイン占領

2・1…ジョホールバール完全占領／3…陸鷲ジャワ初爆撃／4…ジャワ沖海戦シンガポール島総攻撃開始／9…バタビヤ初空爆／10…パンジェルマシン占領／14…我落下傘部隊バレンバン降下／15…シンガポール陥落／17…バレンバン完全占領／18…大東亜戦争第一次戦捷祝賀／19…海鷲ポートダーウィン初爆撃／20…チモール島クーパンに上陸　バリ島沖海戦／

1942（昭和17）

24…ベンクーレン占領（スマトラ）我潜水艦米本土砲撃／27…スラバヤ沖海戦

3・1…バタビヤ沖海戦 ジャワ島敵前上陸敢行／3…外交官交換引揚協定成立／4…ハワイ真珠湾再空襲／5…バタビア陥落／6…ハワイ特別攻撃九軍神の二階級進級発表さる ジョクジャカルタ占領／8…ラングーン陥落／9…蘭印軍全面的無条件降伏／10…ソロモン群島ブカ島占領／12…大東亜戦争第二次戦捷祝賀 スマトラ北部に上陸／13…メダン無血占領 ソロモン群島フロリダ島初爆撃／14…濠州ホーン島初爆撃／17…ソロモン群島ツラギ港爆撃 我潜艦印度洋に活躍す／22…我比島司令官・米比軍に降伏勧告／23…アンダマン諸島上陸占領／25…ビルマトングー総攻撃開始／27…スマトラ全島戡定／30…トングー完全占領／31…ジャバクリスマス島上陸占領

4・1…陸鷲浙江省の衢州麗水爆撃／2…ビルマブローム占領／3…バタアン半島総攻撃開始／5…コロンボ沖海戦／6…海鷲印度本土初爆撃敢行／9…ツリンコマリ沖海戦／

10…比島セブ市完全占領／11…バタアン半島完全攻略／
18…米機我本土空襲／19…ニューギニア島北半を占領／
23…比島パナイ島戡定成る／25…コレヒドール島に強行上陸／
29…ビルマラシオ完全占領
5・1…ビルママンダレー完全攻略　冀中作戦開始／
3…ビルマバーモ完全占領 皇軍ビルマ支那の国境突破／
7…コレヒドール島陥落 珊瑚海海戦　浙贛作戦開始／
8…ビルマミイトキイナ完全占領／
10…ビルマ公路の要衝騰越を占領　比島ミンダナオ島の戡定成る／
15…浙東作戦開始／16…蘭印の小スンダ列島戡定／
22…軍神加藤建夫少将アキヤブで戦死／24…比島サマル島上陸占領／
25…比島レイテ島カリガラ上陸／26…泰軍進撃開始ケンタン占領／
27…浙江省蘭谿占領／28…浙江省金華占領／
31…我特殊潜航艇シドニーとマダガスカルを強襲
6・4…海鷲ダッチハーバー爆撃　我艦隊ミッドウェー強襲／
7…アリューシャンキスカ島占領／8…アリューシャンアッツ島占領／
11…江西省玉山、建昌、鷹澤占領／13…ニコバル諸島上陸占領／
21…我潜艦カナダのバンクーバー砲撃　浙江省麗水占領／

1942（昭和17）

28…シンケップ島上陸占領／29…江西省の戈陽占領
7・11…浙江省の温州占領／25…濠州タウスビル初爆撃／
30…ポートヘッドランド初爆撃　アル諸島　タニバル諸島 ケイ諸島に上陸占領
8・1…ビルマ新政府成立　浙江省の遂昌占領／7…ソロモン海戦／
8…アッツ島　キスカ島に米部隊来攻　皇軍撃退す／
17…マキン島反撃戦／24…第二次ソロモン海戦／
31…アトカ島のマザン湾奇襲
9・9…海鷲米本土オレゴン州空襲／25…我海軍の一部大西洋に進出／
27…山東西部共産軍覆滅作戦開始
10・11…ソロモンサボ島夜襲戦／25…印度テンスキヤ初爆撃／
26…南太平洋海戦
11・2…泝山周辺新作戦開始／12…第三次ソロモン海戦／
22…第三次魯東作戦開始　供澤湖周辺第二期作戦開始／
26…英機バンコク初空爆／28…山東共産匪掃蕩作戦開始／
30…ルンガ沖夜戦
12・6…漢水地区掃蕩戦開始　桂林　衡州　玉山　建甌爆撃／
15…陸鷲　チッタゴン及フェンニイ爆撃／20…陸鷲カルカッタ初爆撃／
22…第一次雲南驛飛行場爆撃／25…第五戦區に新作戦開始／

31…陸鷲廣西省の梧州猛爆　ソロモン　ニューブリテン空中戦

1943（昭和18）

1・1…陸鷲江西省の贛州猛爆／3…安徽省の桐城占領／
8…安徽省の梁園完全占領／9…中華民国米英に宣戦布告／
10…世界一の米潜水艦アゴノート撃沈／
20…日独伊三国経済協定成立　日仏印経済協定成立／
22…メラウケミルン湾ダーウィン爆撃／29…レンネル島沖海戦／
31…我潜水艦カントン島を砲撃
2・1…イサベル島沖海戦／8…陸鷲桂林　衡陽爆撃／
9…南太平洋方面戦線のブナガダルカナル島の部隊他に転進と発表／
陸鷲陝西省漢中爆撃／
11…日勃友好文化条約成立　陸鷲柳州　桂林仏崗　肇慶爆撃／
13…皇軍春季進攻作戦開始／15…北部印緬国境進撃開始／
16…湖北省の監利占領　江蘇省の車橋鎮占領／
18…弓八丈で西進部隊と南進部隊握手　江蘇省の阜寧占領／
19…陸海協力雷州半島へ奇襲上陸／
21…皇軍仏租借広州湾進駐　海鷲エスピリツサント島猛攻　海鷲雷州半島猛爆／
22…広州湾の赤坎へ平和進駐　湖北省の汉河口占領／

1943（昭和18）

3・28…陸鷲ビルマのアラカンで空中戦　海軍部隊山東省の嵐山頭上陸
3・2…北部ビルマのシングヤン占領／4…我病院船、まにら丸魚雷砲撃さる／
5…北部ビルマのニングロ占領　陸鷲アキャブ上空で英機五撃退／
7…雲南省の猛憂占領／10…湖南省の華容石首占領／
11…キスカ島来襲の米機を我軍撃退／16…陸鷲湖北省の巴東爆撃／
17…陸鷲湖北省を重爆／19…高千穂丸敵潜艦に撃沈さる／
21…陸鷲フェンニー爆撃三十二機撃破／23…バーモウ長官入京6日目を迎ふ／
25…陸鷲チッタゴン奇襲／
26…蘇淮戦線春季進攻作戦概ね完了　海鷲カントン島爆撃／
27…厦門共同租界還附実施取極調印　陸鷲コックスバザーモンドウ急襲／
海鷲アリューシャン方面で活躍　ガダルカナル島の米陣爆撃／
28…海鷲　オロ湾爆撃／30…中国還都三周年式典　租界返還式／
31…泰国ナンヤン東方で英印軍と激戦　陸鷲桂林爆撃　山西掃蕩作戦開始
4・1…海鷲ルッセル島急襲／陸鷲フェンニー飛行場爆撃／
2…陸鷲モンドウ爆撃／
3…陸鷲　麗水、建甌、重慶爆撃　病院船、うらる丸盲爆さる／
4…陸鷲チッタゴン爆撃／
5…北山西共産軍粉砕　山東北部第十五旅団撃滅戦開始／

7…フロリダ沖海戦／
8…英印第六旅団包囲殲滅戦終了　陸鷲建甌飛行場急襲／
9…陸鷲　玉山上陸奇襲　米機広州湾盲爆す／11…海鷲オロ湾猛襲／
12…海鷲ポートモレスビー爆撃／14…海鷲ミルン湾ラビ飛行場爆撃／
15…病院船扶桑丸南太平洋で爆撃／
22…泰国スロバキヤとクロアチアを承認す／
23…バンコクで青木・ビブン会談／24…東條英機内閣改造／
25…ソロモン諸島のガツカイ島空中戦　病院船ぶえのすあいれす丸撃沈／
27…晋冀予戦を十八春太行作戦に

5・1…皇軍　軍城占領／2…泰軍国境附近で英印軍を撃破／
5…東條首相　比島訪問／7…陸鷲江西省の贛州爆撃／
8…湖南安郷占領　太行作戦峻極関占領　湖南作戦南縣占領　印緬国境ブチドン占領／
9…米潜水艦北海道幌別砲撃／11…山東中部に新作戦開始　冀西作戦終了／
12…陸鷲　常徳　徳山初空襲／13…アッツ島の米兵を激撃／
14…印緬国境の英軍拠点モンドウ占領／19…病院船、あらびや丸再度爆撃／
21…山本連合艦隊司令長官の戦史発表元帥の称号で国葬／
22…病院船ばいかる丸銃撃さる　陸鷲チッタゴン急襲／
23…海鷲アッツ島近海で大活躍

◆コラム◆◆◆

主な国名・地名解説

獨逸…ドイツ　希臘…ギリシャ　伊太利…イタリア　英吉利…イギリス　仏蘭西…フランス
葡萄牙…ポルトガル　丁抹…デンマーク　瑞典…スエーデン　瑞西…スイス
西班牙…スペイン　墺太利・豪州…オーストラリア　洪牙利…ハンガリー
欧羅巴…ヨーロッパ　勃牙利…ブルガリア　波蘭…ポーランド　羅馬尼亜…ルーマニア
白耳義…ベルギー　諾威…ノルウェー　東阿…東アフリカ　北阿…北アフリカ
西阿…西アフリカ　阿弗利加…アフリカ　挨及…エジプト　波斯…イラン（ペルシャ）
土耳古…トルコ　亜刺比亜…アラビア　芬…フィンランド　和蘭…オランダ
泰…シャム・タイ　東亜…東アジア　亜細亜…アジア
仏領インドシナ…現ベトナム・ラオス（老撾）・カンボジア　安南…現ベトナム北部
満州…現中国東北部　大洋州…オセアニア　ビルマ…現ミヤンマー　西貢…サイゴン
蘭印…現インドネシア　河内…ハノイ　東京…トンキン
蘭領東インド…現インドネシア・ジャワ（ジャヴァ・爪哇）・スマトラ・ボルネオ・セレベスなど
馬来…マレー　昭南島（新嘉坡）…シンガポール　東部ニューギニア…現パプアニューギニア
比島（比律賓）…フィリピン・マニラ（麻尼剌）　呂宋島…ルソン島
マライ…現マレーシア・シンガポール　大宮島…グアム島　熱田島…アッツ島

12　外邦図とは何か

戦争はしてはならない。しかし、人類誕生以来の歴史は戦争や災害抜きには語れないのも事実である。地の利、人の和、時の運という。この言葉、戦争によく当てはまる。特に、地の利を考えるうえでは、戦場となる地や、相手国の地図は欠かせない。地図なくして戦えないのが戦争である。

近代日本は富国強兵、殖産振興を進める一方、地図作製に邁進した。大日本帝国参謀本部陸地測量部は地勢図・地形図を、海軍水路部は海路図である。日本は空軍を持たないため、陸海軍が各々航空部隊を組織し、陸鷲と海鷲と称し双方仲が悪く、極端にいえば双方が勝手にやっていた。

陸地測量部では、明治初期に北支・中支・南支（中国大陸）、台湾、朝鮮半島について、三角点測量・水準点測量を行ない、地形図を作製した。日清戦争以後も、多数の測量技術者を養成しては現地へ派遣し、位置や高度の精密な地形図を作製した。

また、大東亜戦争では、「大東亜共栄圏構想」に基づき、外国製の地図をあらゆる手段で入手、和文に変えて軍事用として利用した。

満州事変、日中戦争、シベリア出兵などで入手した、ロシアや中国地図をはじめ、東南アジア諸国、インド、欧米の植民地各国、南太平洋諸島地域、遠くはアフリカのエチオピアにいたる地域の地図である。

これらの地図を一般的に「外邦図」と呼んでいる。

●そもそも大東亜共栄圏構想はどうして生まれたのか

一般的には、第一次近衛内閣における「東亜新秩序」と云われ後に、第二次近衛内閣の外務大臣松岡洋右が大東亜共栄圏としたことから始まったとされる。

しかし、東亜新秩序又は大東亜共栄圏の理念は、幕末から明治維新になっても大いに語られており、決して新しい考えではなかった。明治維新の志士達は尊皇攘夷の標語の下に「日本の革新とアジアの統一」を同時に掲げていた。長州での吉田松陰は松下村塾でも教えていた。この範囲はアジア大陸の湿潤地帯で、北の支那、南のインドに日本を加えた三国とし、欧米の植民地化を排して新しき秩序を実現するために戦うとしている。

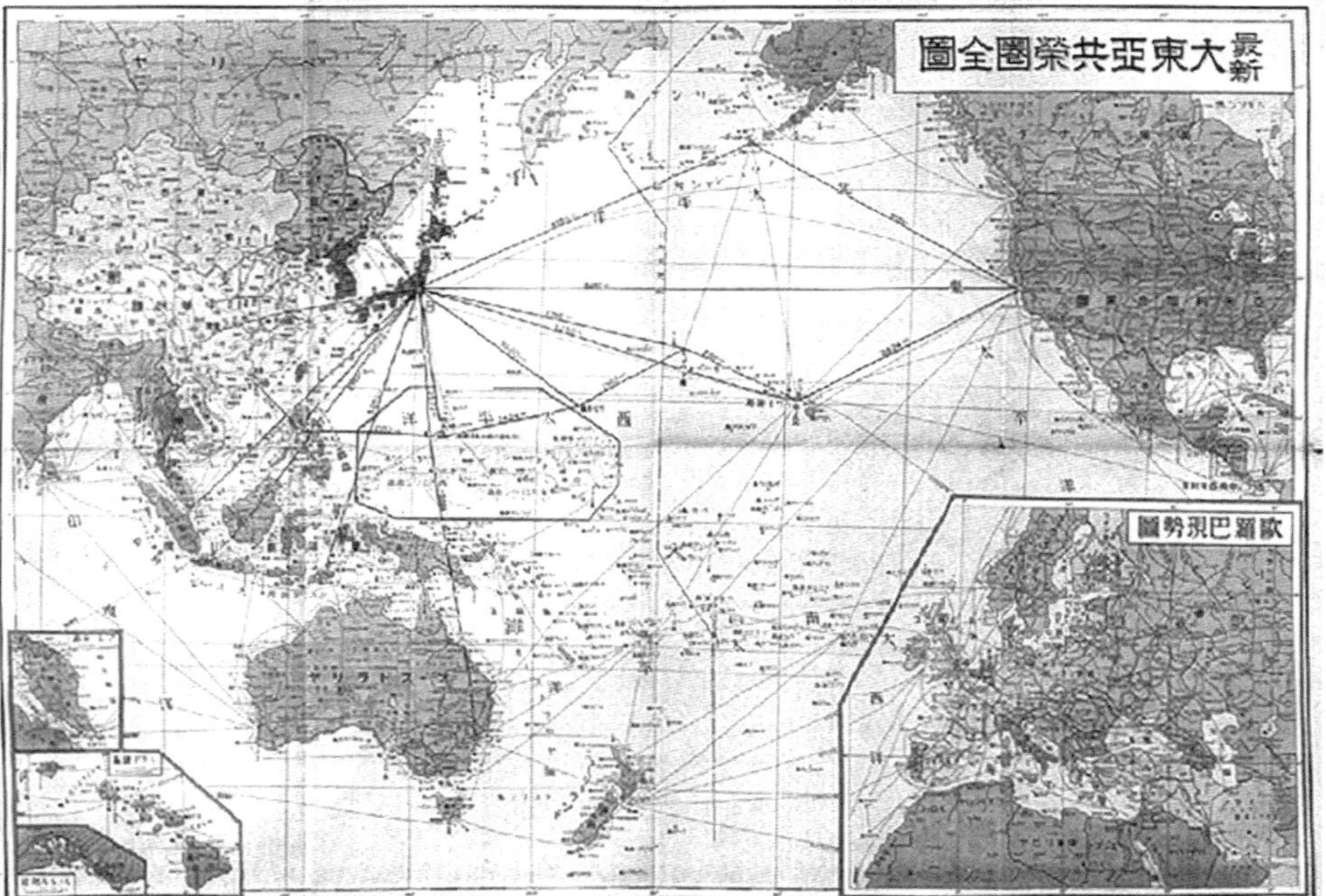

最新版大東亜共栄圏全図　大東亜とは言いながら太平洋圏図の方が適切

戦犯を免れた大川周明の「大東亜秩序建設」でも明らかにされている。

13　外邦図の測量と作製の流れ

１８６８年（明治元年）になり、欧米に追いつけ追い越せの時代となった。以下、作製されていった外邦図を紹介する前に、日清・日露戦争、大東亜共栄圏構想のもとで、大東亜戦争までと、戦後の主な測量と地図づくりを簡単に追ってみる。

表紙

１８７４年（明治7年）	内務省地理寮測量司設置、三角点測量開始、参謀局「清国渤海（中国東北部）地方図」刊行
１８７５年（同8年）	参謀局「清国北京全図」「朝鮮国全図」「亜細亜東部輿地図」作製
１８７７年（同10年）	内務省地理局に改称　西南戦争
１８７９年（同12年）	参謀本部測量部地図課、測量課設置。全国の測量計画策定
１８８４年（同17年）	参謀本部陸軍部測量局に改称
１８８８年（同21年）	勅令により測量局を参謀本部陸地測量部とす
１８９４年（同27年）	日清戦争（１８９５年迄）
１８９５年（同28年）	日清戦争末期から東部シベリアなどについて、地図型式（経度差五度、緯度差二・

五度）の二〜四色で、百万分の一図を編集。不確実な資料による地図であったが、その後東アジア全域について逐次作業を続け、１９２９年（昭和４年）までに、１００図以上を完成。市販もされ、当時日本版の地図シリーズとして広く利用された

１８９７年（同30年）	台湾測量開始（モリソン山を新高山と命名。標高３９４９・９５ｍと決定）
１９０４年（同37年）	日露戦争（１９０５年迄）　台湾基隆に潮位を測る験潮場を開設
１９０５年（同38年）	台湾二万分の一地形図作製
１９０６年（同39年）	日露戦争後の樺太国境画定開始　沖縄測量開始
１９０７年（同40年）	朝鮮半島測量開始
１９１０年（同43年）	朝鮮五万分の一地形図作製
１９１４年（大正３年）	第一次世界大戦（１９１９年迄）
１９１５年（大正４年）	空中写真測量開始　北方諸島測量開始
１９２０年（大正９年）	第一次世界大戦後我が国の委任統治領になった南洋諸島測量開始
	樺太測量班編成
１９２３年（同12年）	日本初の空中写真測量（関東大震災後の東京全市）
１９２８年（昭和３年）	中国山東省測量隊編成
１９３１年（同６年）	満州事変勃発　満州測量開始
１９３２年（同７年）	満州国建国（上海事変勃発）

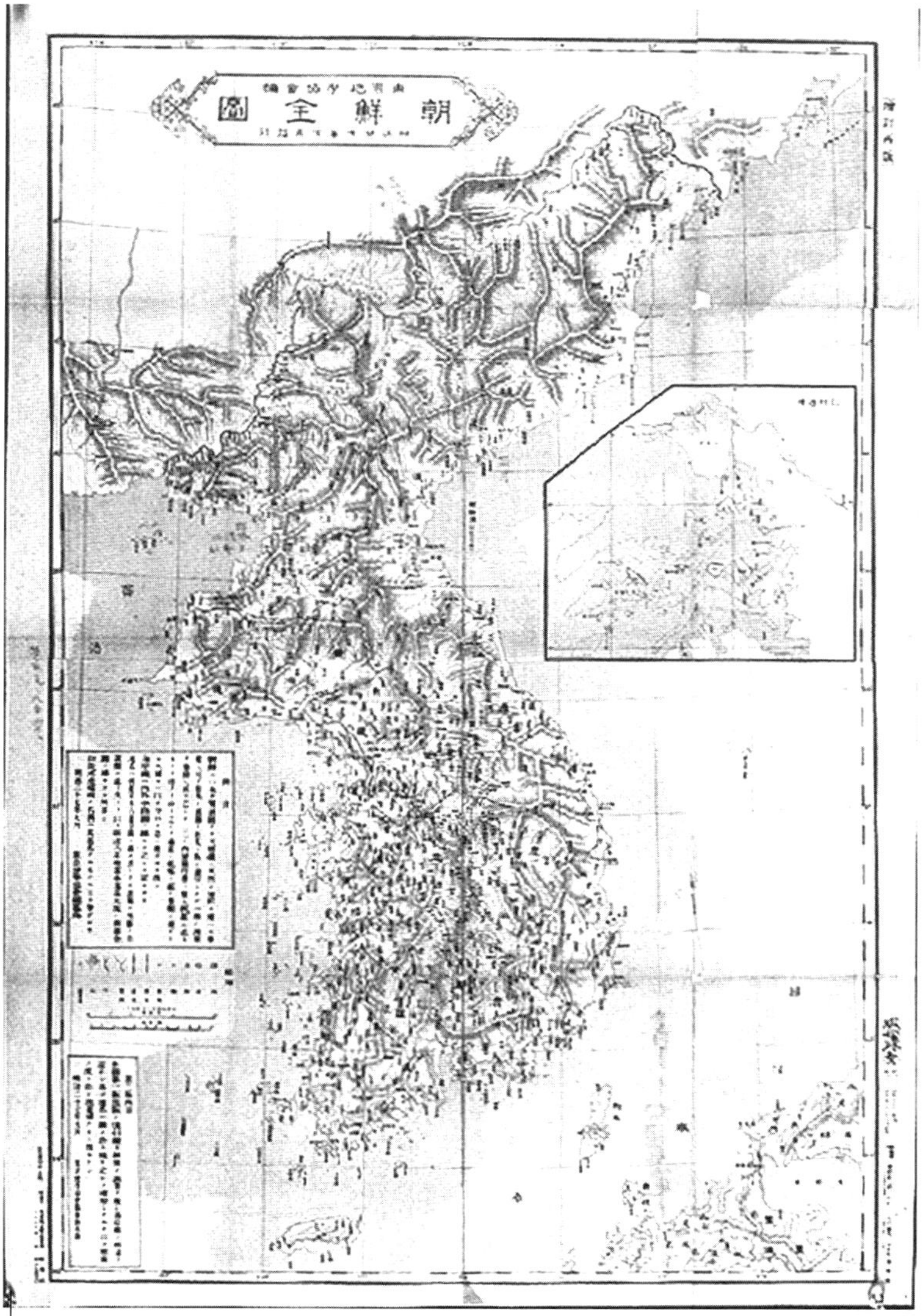

朝鮮全図
明治27年　38度線無　東京地図協会編　朝鮮には未だ実測図アラズ

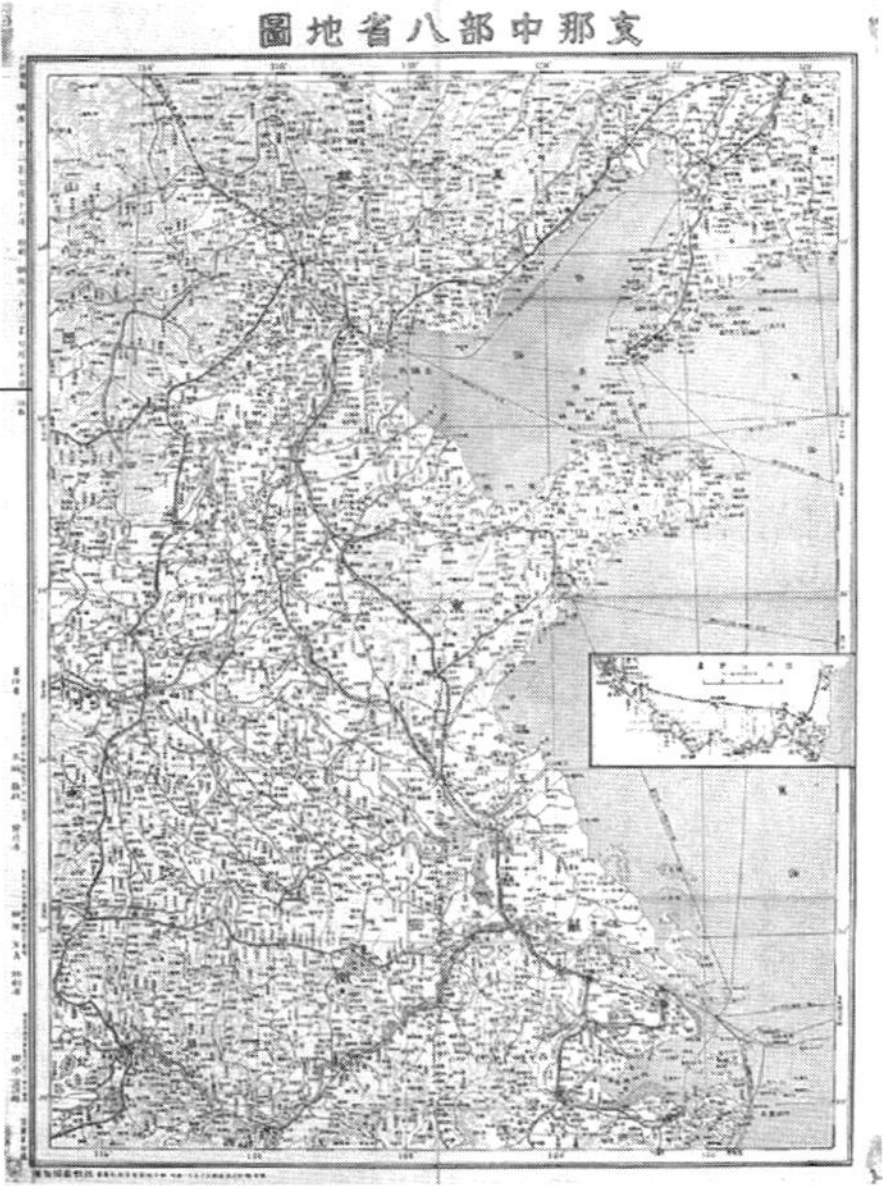

支那中部八省地図
明治33年7月19日　100年経過したと思えぬほどしっかりした保存状態

最新調査北支明細地図表紙

金代満州国
明治38年頃　1115～1234年の地図を再現したもの

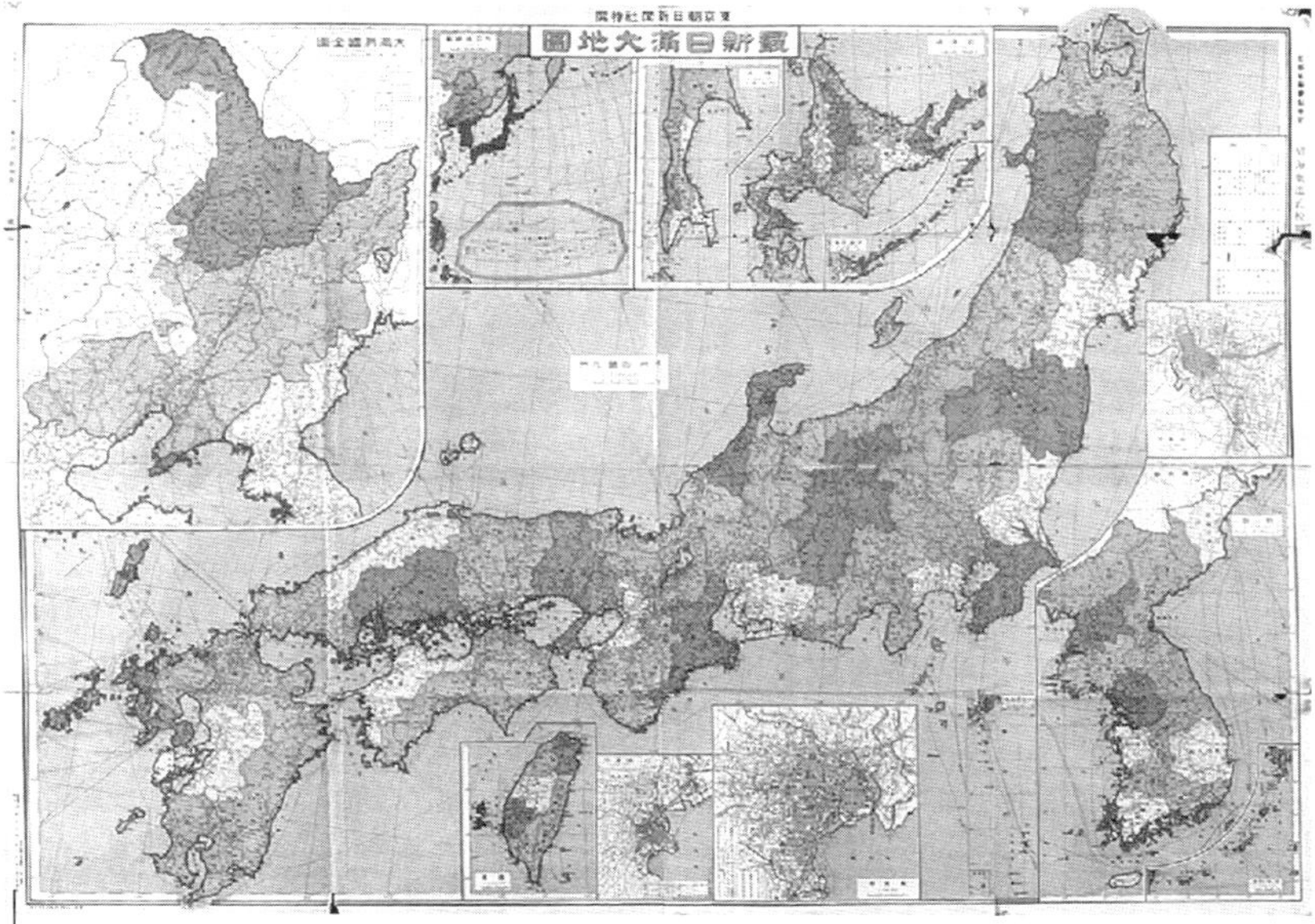

最新日満大地図 昭和９年１月１日 東京日日新聞

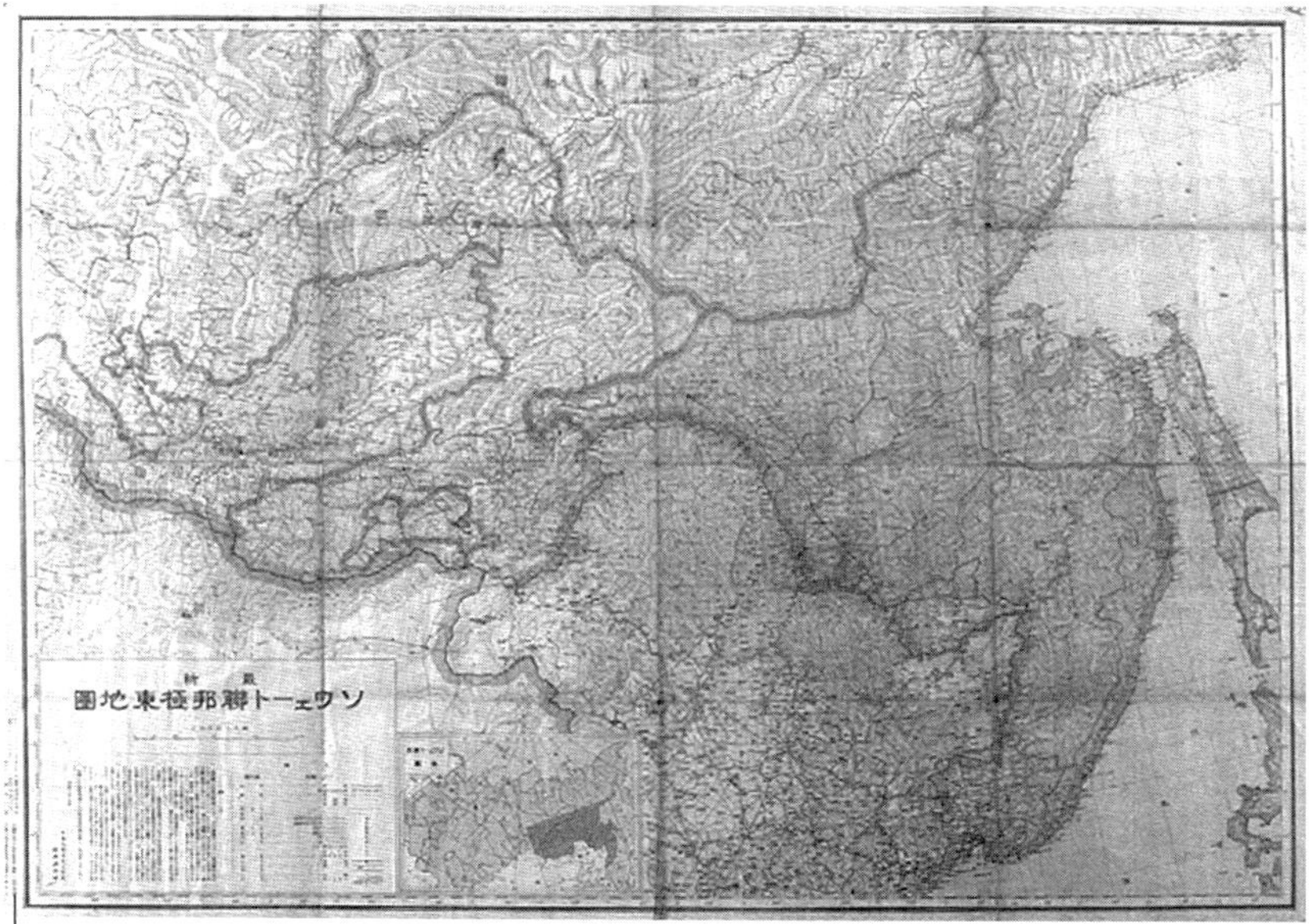

ソウェート聯邦大地図 1937（昭和12年）年４月20日

ジャワ詳密圖及バリ島・ロンボク島
昭和19年8月20日　オランダ統治時代の鉄道も克明に記入され、火山の流れも判る美しい地図。1円80銭

表紙

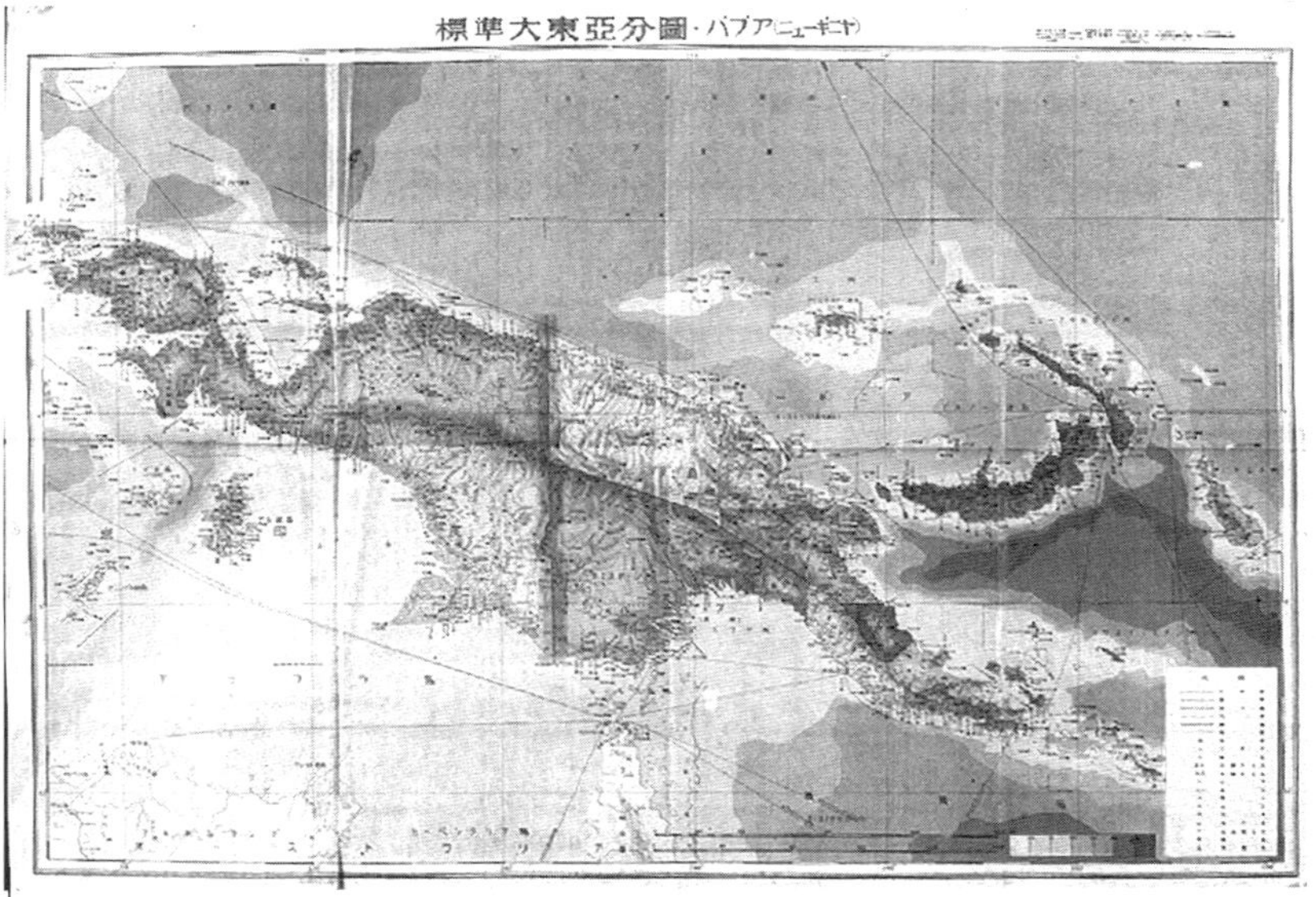

標準大東亜分圖・パプア（ニューギニア）
昭和18年（1943）統正社発行　19世紀ニューギニアはオランダ・ドイツ・イギリスの植民地。現在、西半分はインドネシア、東半分はパプアニューギニア。ニューブリテン島東端はラバウルで知られる

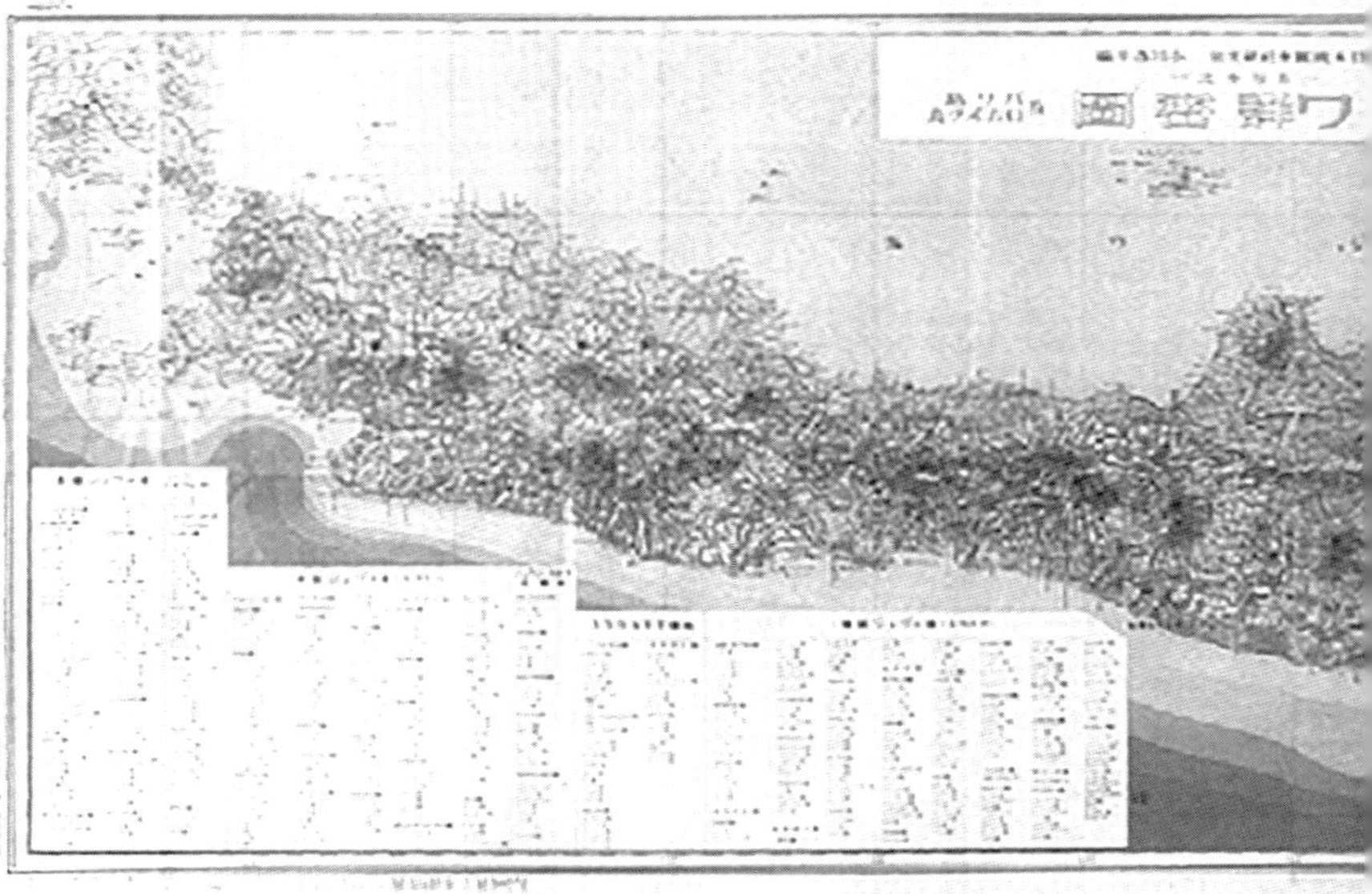

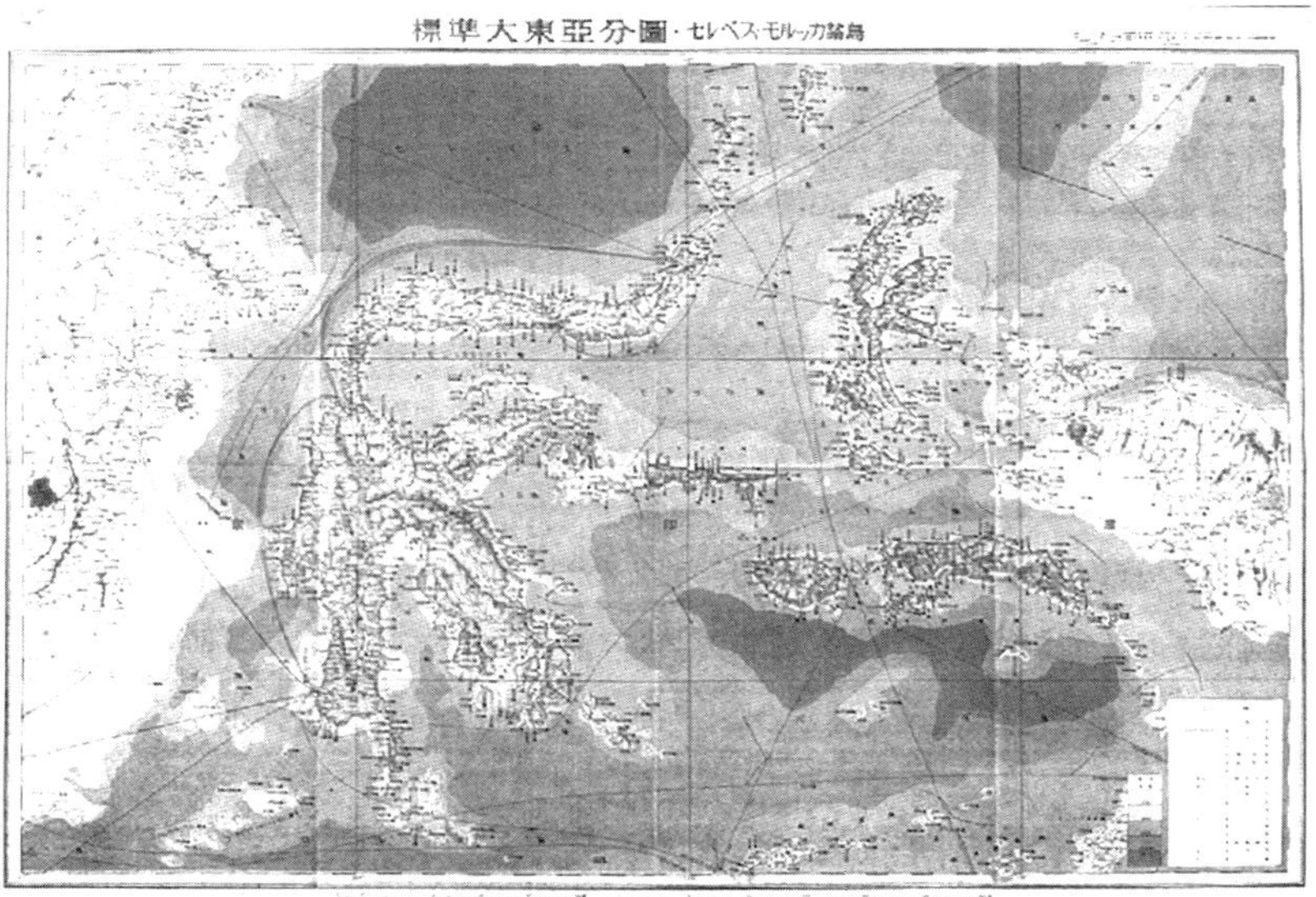

標準大東亜分圖・セレベス・モルッカ諸島　昭和18年（1943）統正社発行　セレベス島（スラウェシ島）は金・銀・ニッケル等の埋蔵量が多い。モルッカ諸島（マルク諸島）はスパイスアイランド（香料諸島）として香辛料を多く生産した。開戦直後、昭和17年1月セレベス島北部の細長いミナハサ半島等が蘭印作戦の一環として日本が占領した

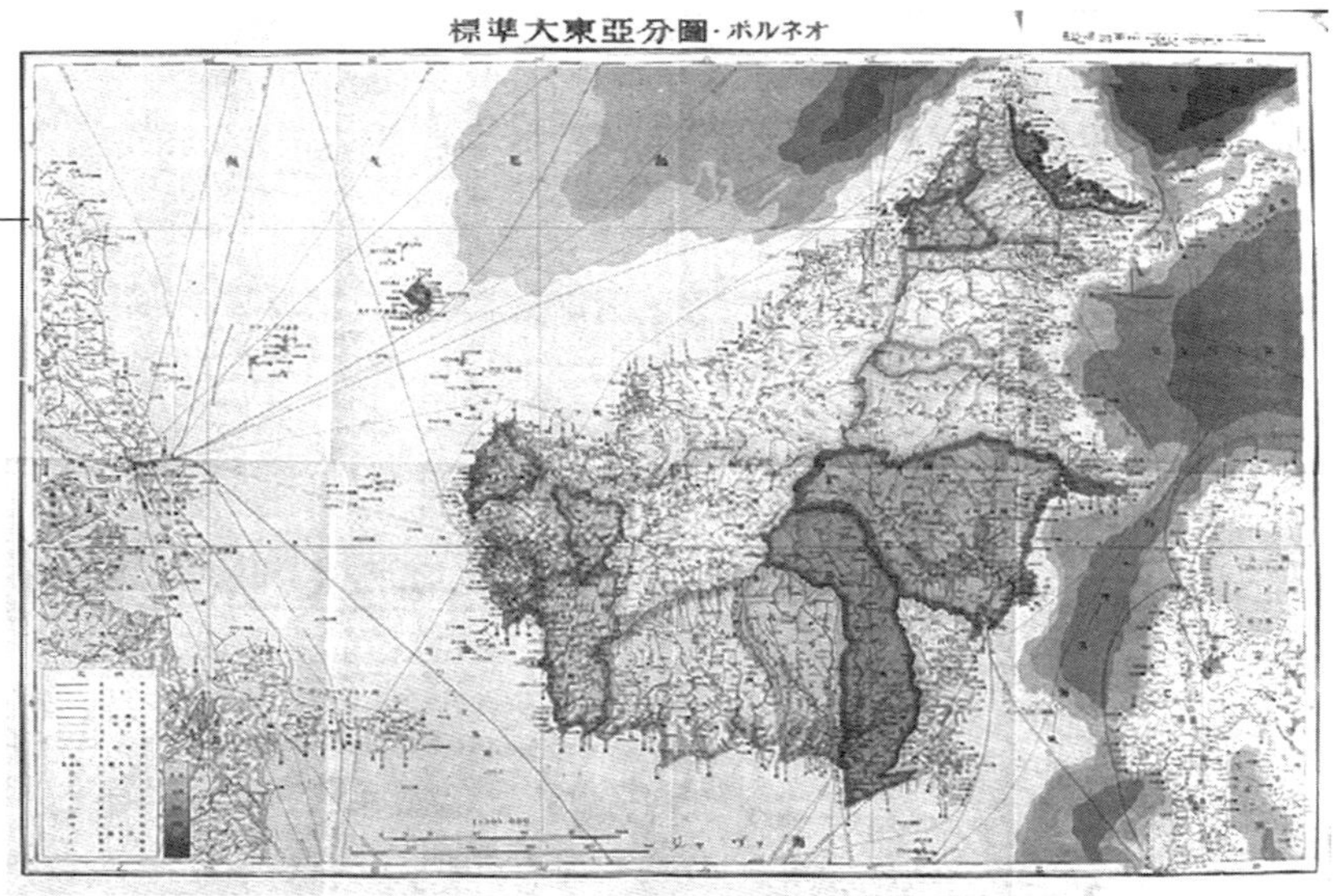

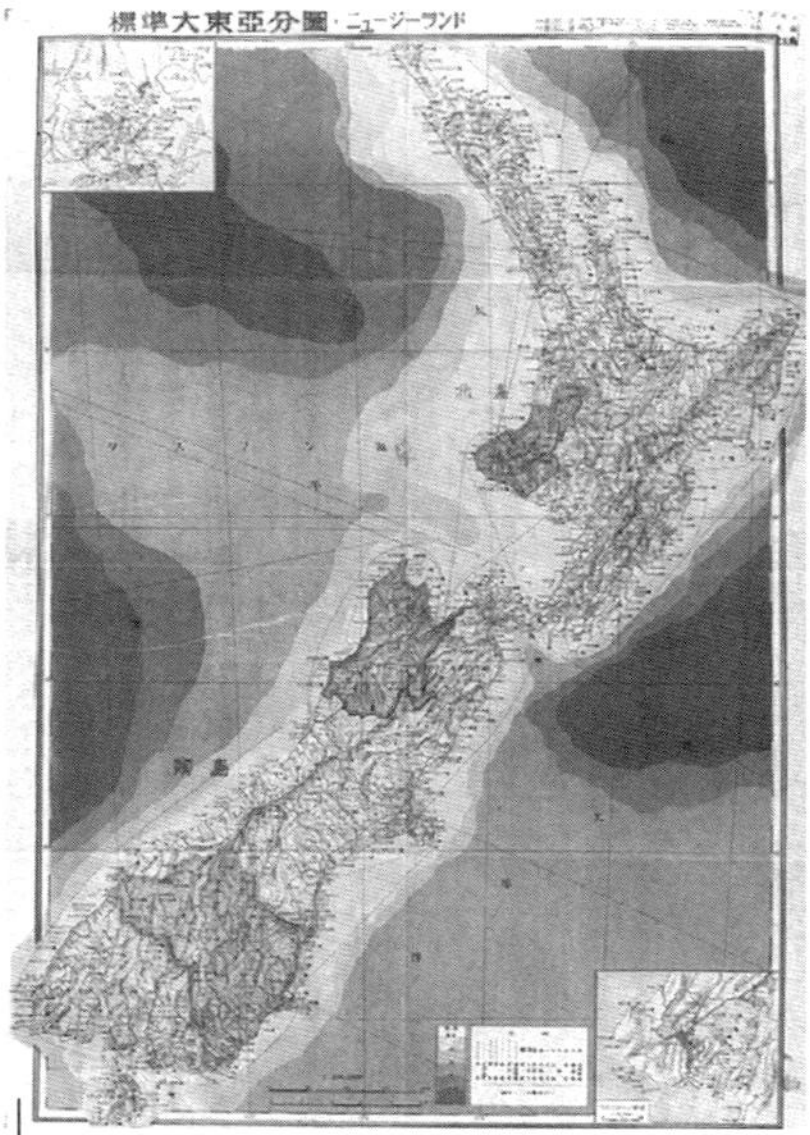

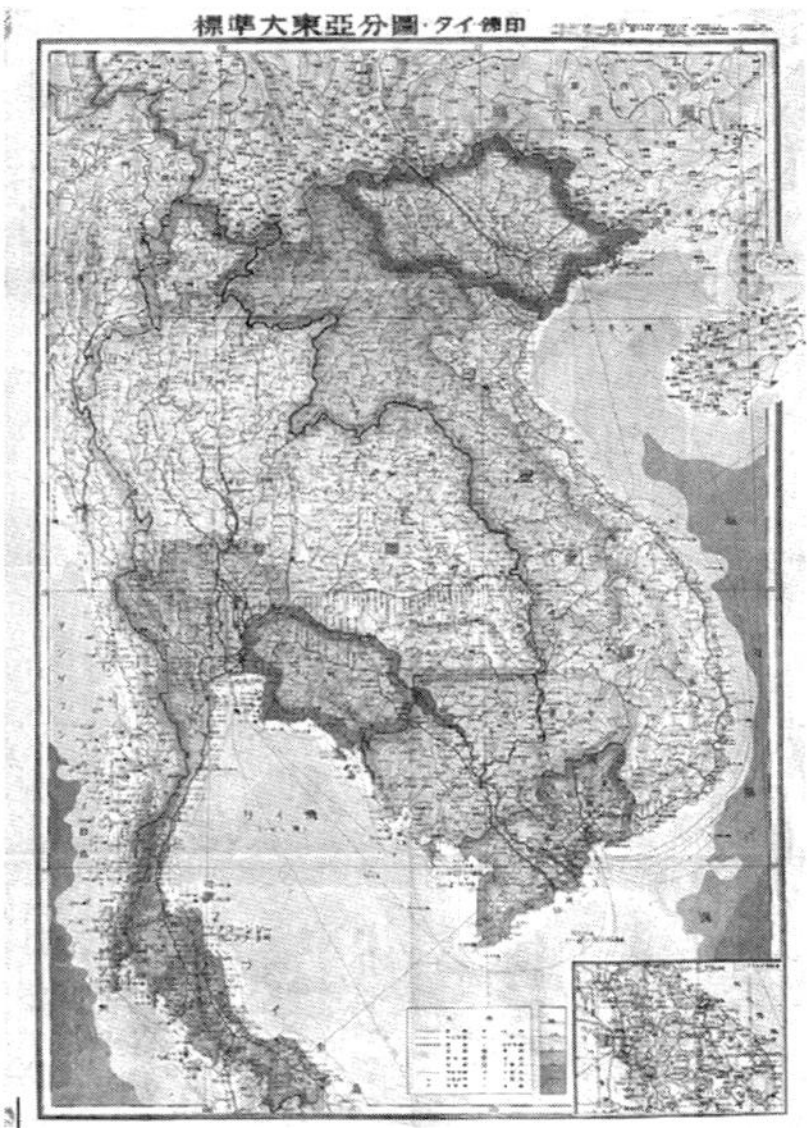

標準大東亜分図
ニュージーランド　昭和 18 年(1943)

標準大東亜分圖・タイ・佛印
西北部にワー食人王国と書いてあり物議をかもした珍品

標準大東亜分圖・ボルネオ　昭和18年（1943）統正社発行　北はスルー海、南はジャワ海、東はマカッサル海峡、西は南シナ海に囲まれた世界第三位の島。各州が色分けされ、鉱産物の産出地が赤い文字で記されている。現在はブルネイとインドネシアに分かれているが、ブルネイは金が発見されて世界有数の金産出国となった

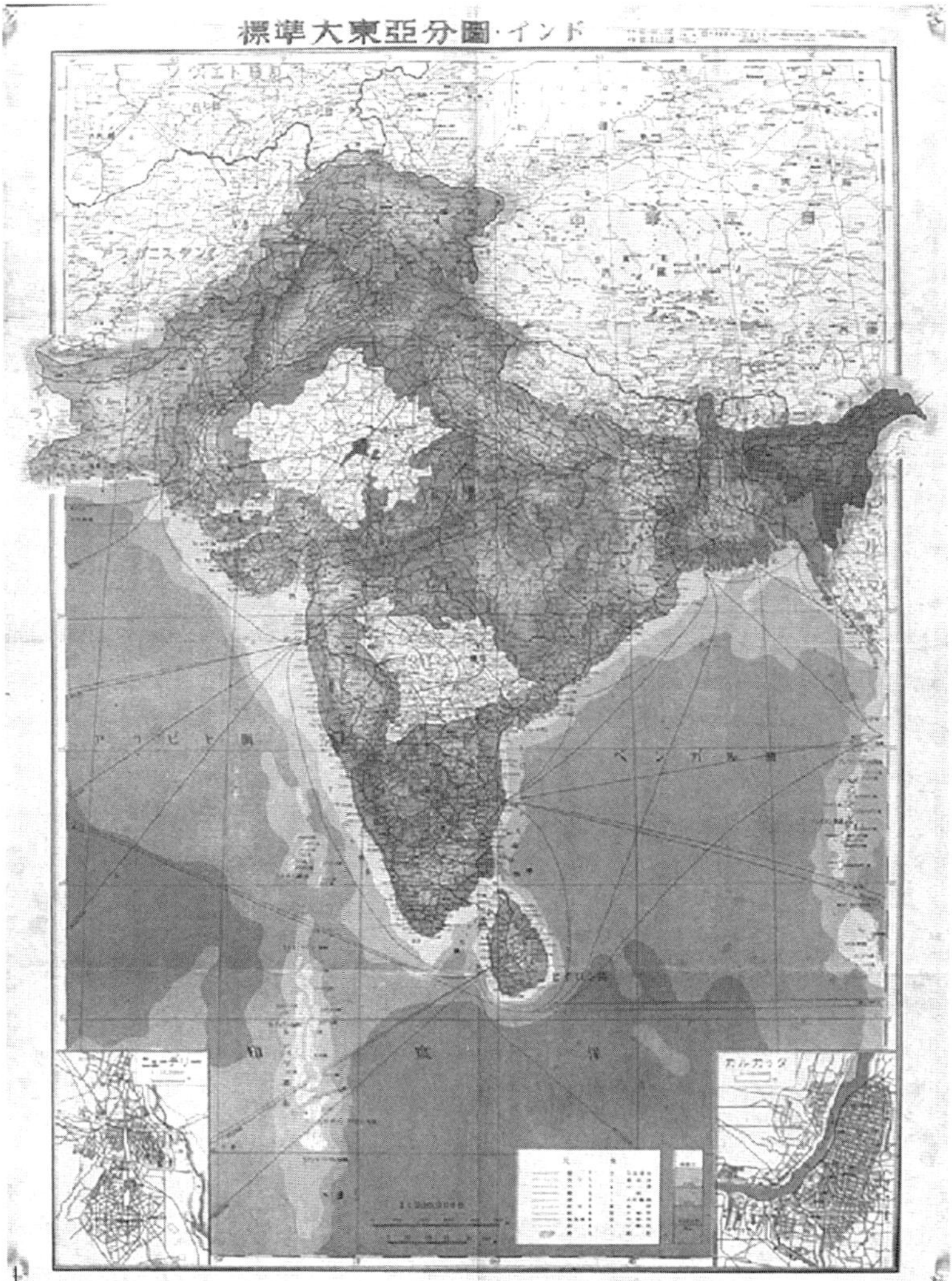

標準大東亜分図　インド　昭和18年(1943)

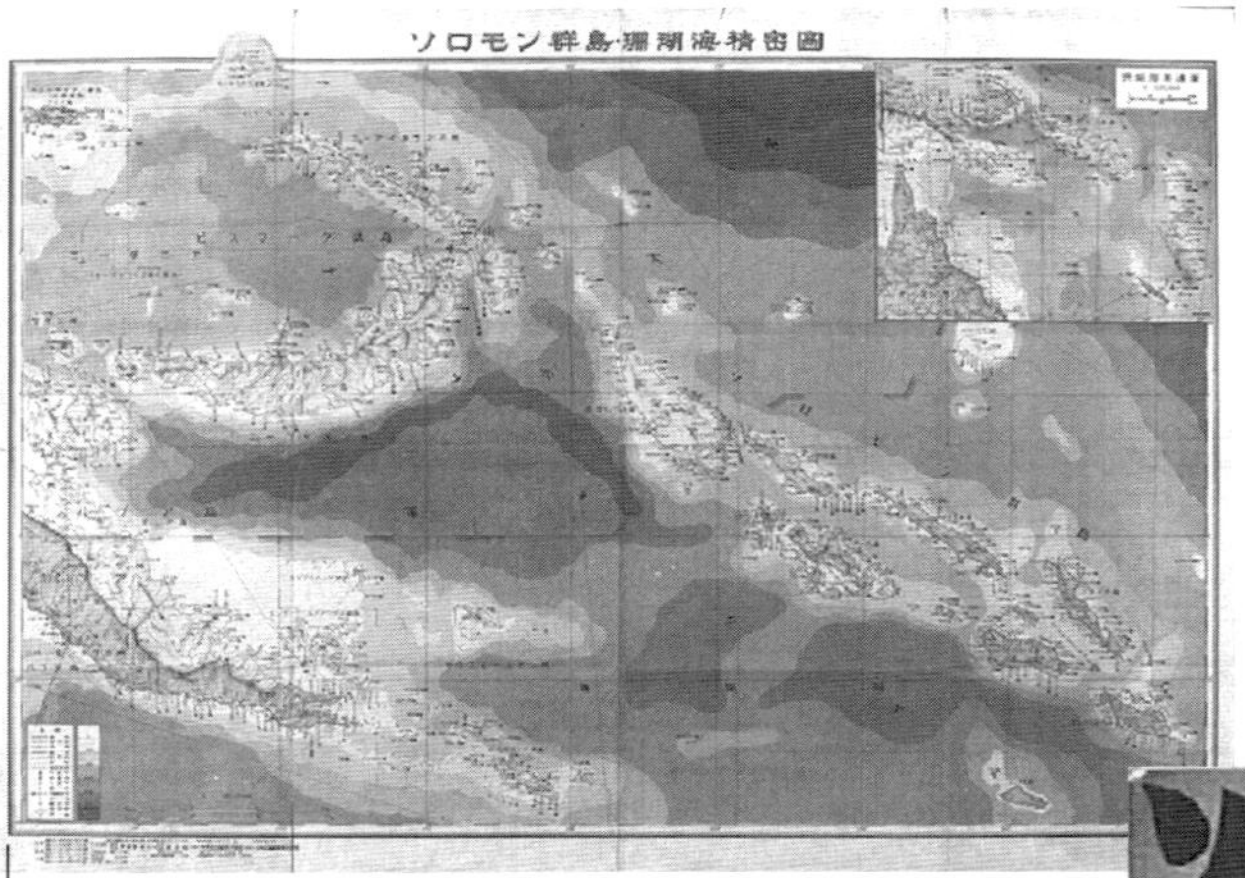

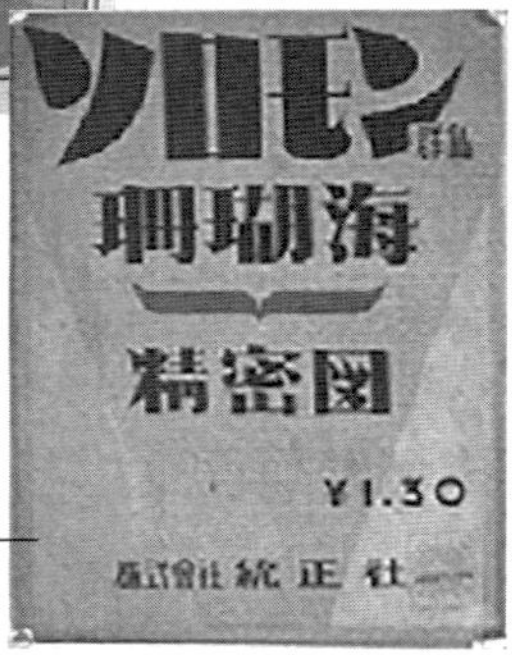

ソロモン群島・珊瑚海精密圖
昭和 18 年（1943）統正社発行　昭和 17 年（1942）に日本軍が占領、ソロモン群島は戦場となった。特にガダルカナル島とブーゲンビル島が激戦地。ガダルカナル島での日本軍は食料供給を断たれ多数の餓死者を出した

表紙

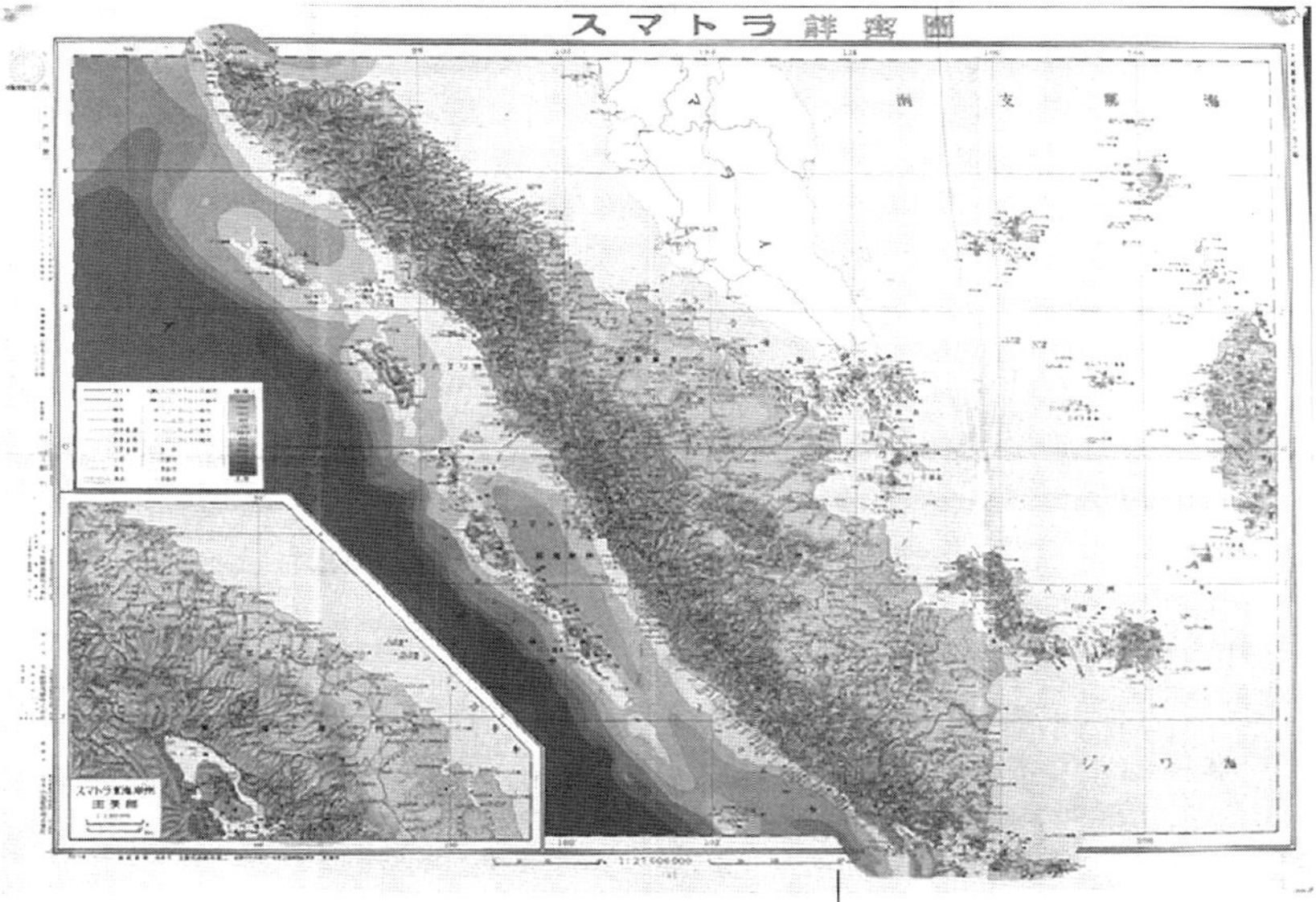

スマトラ詳密圖
蘭領時代の地図をもとに、昭和19年3月21日、ジャワ島とともに川俣鉄也氏作製。
2円58銭

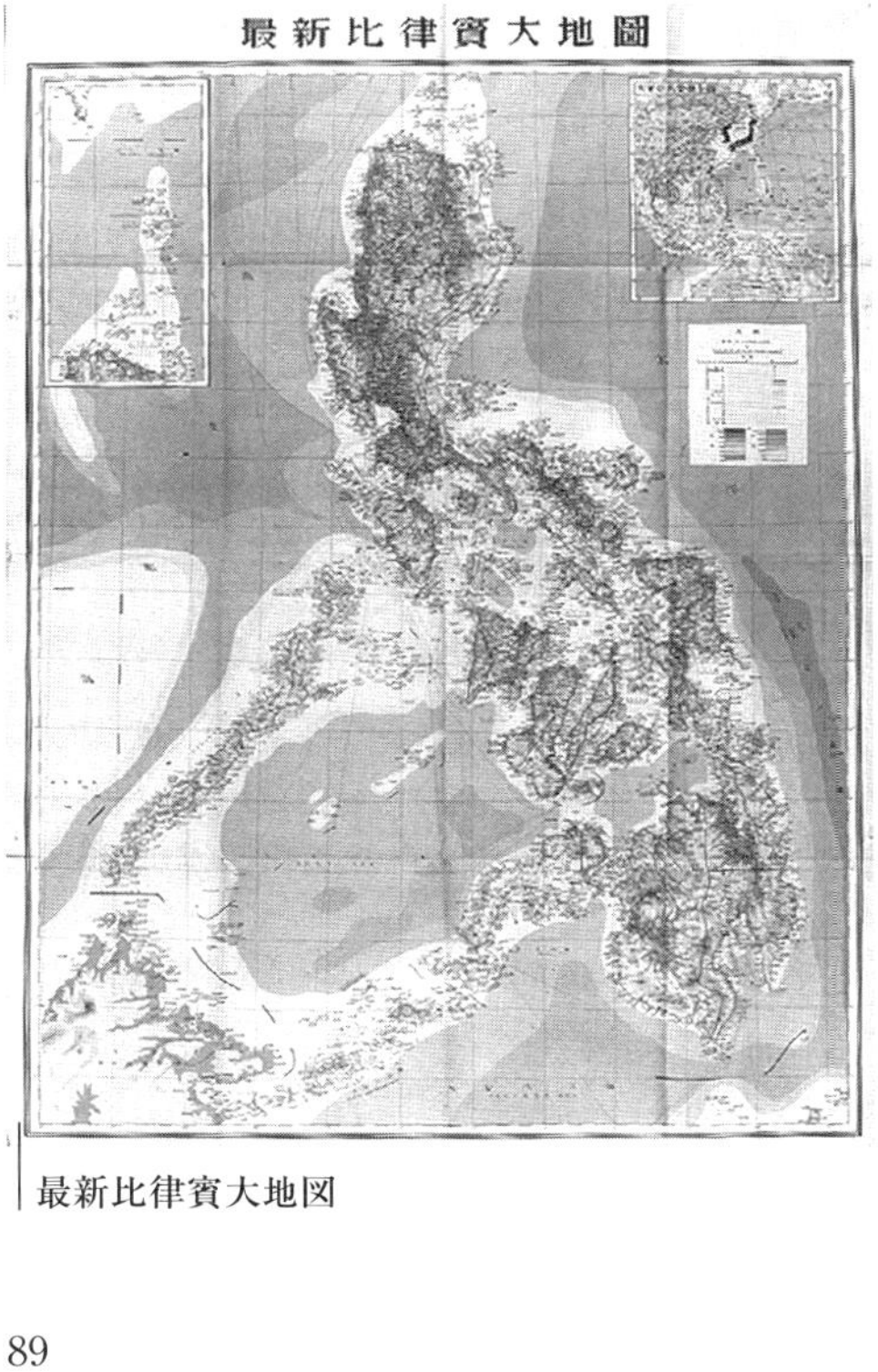

最新比律賓大地図

大東亜共栄圏
全枢軸国展望之図　印度洋中心表示がマイルでなくキロと珍しい、外国製ではキロはない。日本の航路をグアム島は大宮島、シンガポールは昭南島

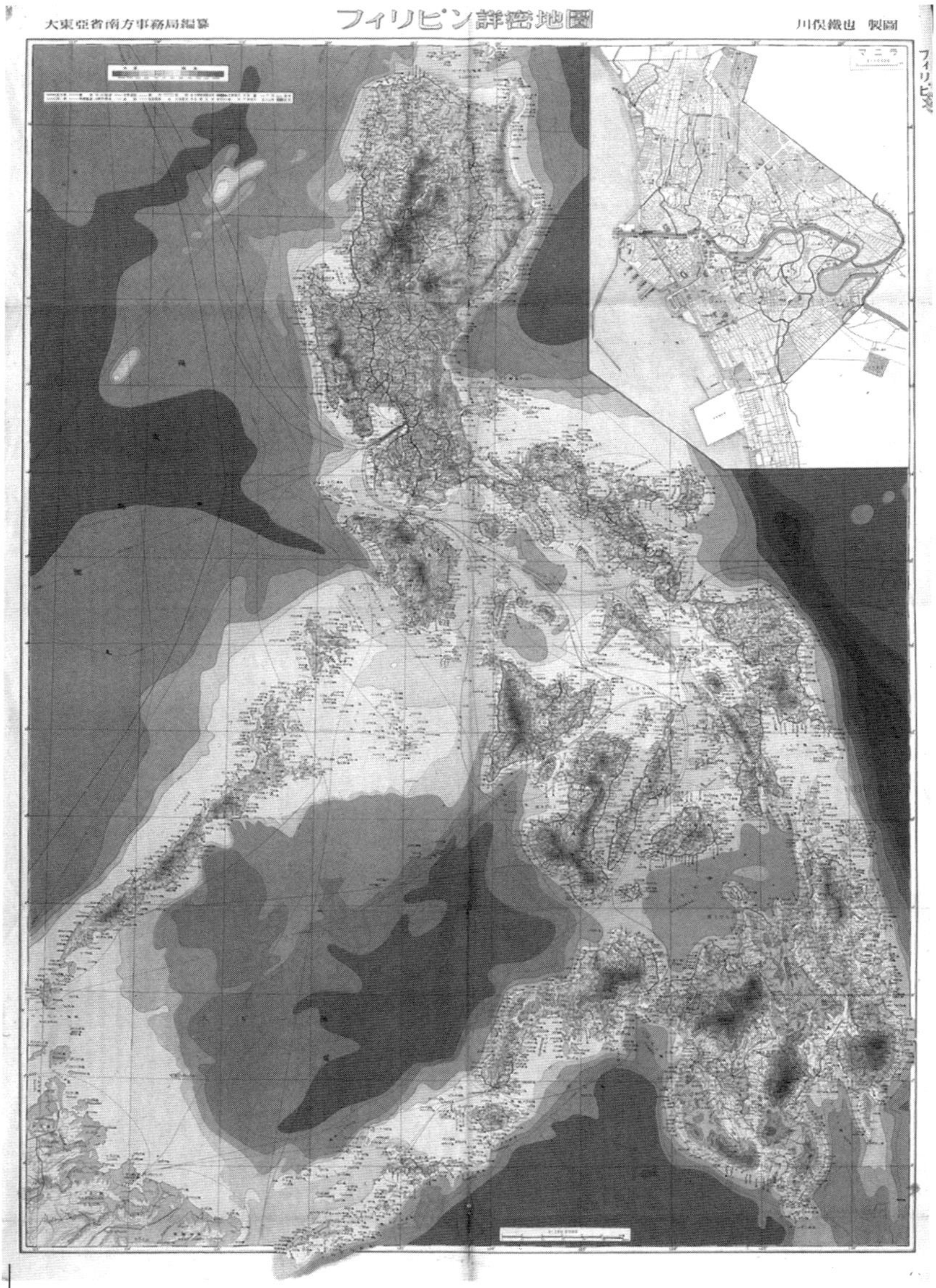

フィリピン詳密地圖　大南洋詳密地圖の一部で、昭和19年8月21日大東亜省南方事務局編　定価5円。販売されたのか不明。上部の川俣哲也氏の製図は詳細にして美しい。地名はカタカナ·漢字とともに欧文が併記され、水深8000 m、標高3000 mまでグラデーションが施されている

１９３５年（同10年）　満州国一万分の一局地図作製　ロシアシベリア図改描作業開始

１９３７年（同12年）　「日本国及び隣邦東部アジア図」作製。盧溝橋事件～日中戦争勃発

１９３８年（同13年）　東亜五十万分の一地図作製　「中国中・南・全図」作製

１９３９年（同14年）　ノモンハン事件　第二次世界大戦勃発

１９４０年（同15年）　日・独・伊三国同盟

１９４１年（同16年）　仏印・タイ国境画定作業実施　地図の販売停止　12月8日、ハワイ真珠湾攻撃により大東亜戦争（太平洋戦争）勃発

終戦後の流れ

１９４５年（昭和20年）　8月15日、ポツダム宣言受託により終戦
陸地測量部の廃止と組織移管、地理調査所の発足
日本地図史に残る運命の一瞬については、拙書「地圖」が語る日本の歴史・大東亜戦争終結前後の測量・地図史秘話～（暁印書館）を参照願いたい

１９４６年（同21年）　ＧＨＱの指令により基準点標石の調査と復旧を開始

１９４７年（同22年）　一等三角点測量開始

１９４８年（同23年）　内務省から組織変更、建設省地理調査所発足

１９５０年（同25年）　朝鮮戦争勃発（１９５３年迄）

１９５２年（同27年）　全国重力測量開始　平面直角座標系が国土調査法施行令で制定、全国を13座標系に区分

１９５８年（同33年）	ソ連スプートニク号、初の衛星磁気観測
１９６０年（同35年）	国土地理院として発足　１９７９年茨城県つくば市に移転
１９６２年（同37年）	最初の測地衛星、全地球の三角網構想
１９６４年（同39年）	国土地理院、人工衛星観測開始
１９６９年（同44年）	アポロ月面着陸、１９７０年衛星による地球観測へ
１９７１年（同46年）	第一号科学衛星「しんせい」打ち上げ
１９７３年（同48年）	米、ＧＰＳ開発
１９７８年（同53年）	「ひまわり」精密測地網測量の開始
１９８８年（同63年）	国土地理院デジタルマッピング導入
１９８９年（平成元年）	ＧＰＳ衛星観測開始
１９９４年（同６年）	電子基準点整備開始　２０１８年全国１３００か所となる
１９９７年（同９年）	ＣＤ－ＲＯＭ化
１９９８年（同10年）	地球地図データ数値開始
２００１年（同13年）	建設省国土地理院が国土交通省国土地理院になる
２００２年（同14年）	世界測地系を測量の基準とする改正測量法施行
	イギリスロンドンのグリニッジ天文台跡を基準
	現在、海図のデジタル化も進み、船舶のモニターで世界の海路図が見られる

14 外邦図と世界地理風俗大系

そもそも、支那という名には諸説あるが、秦の始皇帝時代、西方諸国には、シンがシナと訛って伝わったという説がある。

当時の支那についての地理的特徴は、「世界地理風俗大系」（1929年（昭和4年）新光社刊）によると、我が国に接壌《せつじょう》し（接近している）、我が国中古文明の母であり、今でもなほ唇歯輔車《しんしほしゃ》（相互が密接に助け合い、一方が亡びれば他方も危うくなるような関係）の関係にある支那中華民国は、アジア大陸の中部より東部にかけて膨大なる面積（我が国の約16倍）を占有し、人口四億八千万を擁する或る意味において世界第一の大国である。

支那の今日あるは、その国土が地文上《ちもんじょう》（大地の模様、状態、山川、丘陵、池沢など）アジア大陸の最も優秀なる位置を占めていることに起因し、歴史上より見れば、黄河流域に起った、漢民族の発展努力にある。

支那は従来、支那本部、満州、蒙古、新疆、青海、再藏（チベット）の六部に分かれていた。支那本部は揚子江（長江）を境にして、北支那、南支那の二つに分つこともあり、また黄河、揚子江、西江《せいこう》の三大川に従って、北、中、南支那の三部に分つこともある。また、秦嶺《しんれい》山脈と淮《わい》山脈を界として南北の二部に分つを地文上最も理由あるものと考える。

以下、地形、地質、資源、気候、沿革、民俗、風俗、文化、宗教、産業など、当時の学者、専門家による現地取材などにより地図とともに書かれている。

15　外邦図を買い求める長蛇の列

大本営参謀本部陸地測量部が当時作製した膨大な地形図は、１９３５年（昭和10年）から、民間地図会社でも作図が進められ、多くの美しい外邦図が市販された。一枚図、地図帖、教科書の掲載図などの形式で利用され、人々は大東亜共栄圏という夢を見ていた。

また、外邦図とともに、兵要地誌類関係資料も多数作製され、これらを参考に民間地図会社でも「地誌」「外邦図」が作られた。

本書に掲載をした地図は、主に民間地図会社が作製した外邦図である。

１９４１年（昭和16年）12月８日、ハワイ真珠湾攻撃により日米は開戦した。南方諸島に対しても同様に作戦が開始された。大本営発表の勝利報道に、国民は朝から地図を買い求め、日本統制地図株式会社（東京市千代田区神田福田町、現神田岩本町）の玄関前には長蛇の列が出来た。世界地図、大東亜共栄圏関係所謂、外邦図が飛ぶように売れた（日本地図株式会社社史）。翌１９４２年（昭和17年）１月２日、朝日新聞３面には、「蘇る大東亜」という見出しで次のような報道記事が載った。

表紙

「地図に群がる人々、日本との連携に誇り。ハノイ、ポーペール街の戦況地図に見入る人々～中略～今まで英、米、佛、蘭に押さえら

最新大東亜南洋精図
検閲認可印紙貼付　昭和 16 年 12 月 30 日　日本統制地図㈱発行

れていた大東亜の諸民族が、希望の光に起ち上がり、ドット歓呼の声を上げているのが聞こえる。香港も落ち、フィリピン、シンガポールの命運も今やの時、「世界地図」に食い入るように見る人々の目、フランス人、安南人、インド人、日本の兵隊……」

民間の地図会社が発行する全ての地図は、この日本統制地図株式会社を通じて申請することになっていた。警視庁特高警察部検閲課の検閲を受け、発行許可の印紙を貰って貼付しなければ発行出来なかった。

戦争が激化するとともに地図の統制も一段と厳しくなり、防諜的な意味合いも深まった。内務省情報局の命令で統合化が進められ、これが、日本地図株式会社の設立である。

16 多くの外邦図を生んだ大東亜共栄圏

日清・日露戦争の勝利によって、台湾と朝鮮を獲得した。１９１４年（大正３年）の第一次世界大戦の勝利では、旧ドイツ領の南洋諸島を委任統治領とした。さらに、１９３２年（昭和７年）、満州国を建国した。しかし、東南アジア地域の資源地帯には、イギリス、オランダ、スペイン、アメリカなどの欧米列強が植民地世界を築いていた。

第一次世界大戦の時は、日・英・米同盟による戦争で、地政学上シーパワーの同盟が成功したといえる。この後、大東亜戦争の時には日・独・伊三国同盟による戦争で、地理・地政学上シーパワーとランドパワーの同盟という、どっちつかずの体制であった。結局、我が国は孤立して英・米・濠などのシーパワーの同盟に完敗、独・伊はヨーロッパ諸国、ソ連、中国などのランドパワー同盟に完敗したことになる。１９３６年（昭和11年）、陸軍・海軍統師部が帝国国防方針において、「東亜大陸竝二西太平洋ヲ制シ」と、東亜という呼称を使った。

この頃、東洋（アジア）はスエズ運河以東、東亜（中アジア）は、バイカル湖とシンガポールを結ぶ線以東で、泰国（シャム・現タイ）、仏領インドシナ（現ベトナム・・ラオス・カンボジア）を含む地域、極東は東亜の北半分で、南限は台湾の南バシー海峡とした。西太平洋は東経１８０度以西の太平洋とされるのが一般的であった。

要するに、中国大陸を中心とした、東亜全域に拡大された構想に基づいたものであった。

17　大東亜共栄圏の建設を基本とした国家戦略「基本国策要項」

１９４０年（昭和15年）７月26日に制定された国家戦略は、日本、満州（中国東北部）、中国を骨幹として東亜全域を包含し、大洋州（オセアニア）までも含めたものであった。

太平洋を見渡せば、ハワイ諸島から西南へニュージーランドに至る島々と、この一線より東南に分散している島で、サモア、クック諸島、トンガ、イースター島（現チリ領）など、多くの島々を意味する「ポリネシア」。東経１８０度以西の島で、大部分の日本統治領となった、マリアナ諸島（サイパン、グアムなど）、ウェーク島、マーシャル諸島、カロリン諸島などの他、パプア島の東辺洋上より東南へ連なり、ニュージーランドの北辺に至る島々「ミクロネシア」。フィージー、ニューカレドニア、トンガ、ソロモン、カロリン、パプアニューギニアなど「黒い島」（皮膚の黒い人の島）を意味する「メラネシア」など、広大な島嶼群がある。大東亜共栄圏実現の可能性は極めて難しい夢想的な国家戦略であった。

大東亜共栄圏構想は支那（当時の呼称）、朝鮮などの「大東亜北方圏」と、英領マレー、シンガポール、仏領インドシナ、泰国（シャム・現タイ）、ビルマ（現ミヤンマー）、米領フィリピン、蘭印（現インドネシア）、蘭領東インド（現インドネシア・ジャワ・スマトラ・ボルネオ・セレベスなど）などに、展開する「大東亜南方圏」に分れる。

なかでも、馬来（マレー）半島、昭南島（シンガポール）は東洋のジブラルタルといわれる重要な拠点であった。ジブラルタルは大西洋と地中海の境界に位置する重要拠点で、地理的類似性がある。従って、真っ先に仏領インドシナを陥落させサイゴンに南方軍総司令部を置いた。シンガポール島（日本名 昭南島）はマレーの虎と呼ばれることとなった山下奉文《ともゆき》大将（当時中将）が陥落させた。しかし、最終的には、東部ニューギニア（現パプアニューギニア）、フィリピン・ルソン島、ビルマ、インパール作戦などで敗退していった。

日本がなぜ大東亜共栄圏地域に、これほどまでに拘ったのか。最重要目標は石油産出地の蘭領東インドで、スマトラ、ジャワ、ボルネオ、セレベス、ティモールなどの島々からなる地であった。ここは、ヨーロッパ大陸に相当する広大な面積を有する資源地帯であった。１６０２年からオランダ統治となり、その後日本の統治となったが、反発する原住民指導者スカルノとハッタは日本軍によって投獄された。しかし、日本軍に全面協力することで、将来インドネシア独立を目指すことになり、日章旗（日の丸）と民俗旗を掲げて行進するスカルノの姿が見られたという。

１９４４年（昭和19年）９月７日、日本の敗北後はインドネシア自身による独立への闘いが始まる。そこには、旧日本軍の兵隊も加わり、日本軍が残した銃も使われた。

18　大東亜共栄圏構想の背景

大東亜共栄圏を基本とした「基本国策要項」が出されたのは、１９４０年（昭和15年）７月26日であるが、この国家戦略が生まれる背景には色々あった。

当時の世相を表しているものに、「地理風俗月報第五号」（昭和４年４月１日新光社発行）がある。「世界無尽藏の宝庫南洋」と題した南洋協会理事飯泉良三氏の寄稿文を紹介する。（現代表記に改めて引用）

「かつて蘭人の言える（熱帯を支配するものは世界を支配する）とは、今日においては如何にも陳腐なようであるが、実に千古の名言である。熱帯圏内にある南洋各地は、いずれも天恵地力共に極めて豊富にして世界無尽蔵の宝庫と称せられ、砂糖、麻、煙草、ヤシ、コーヒー、木材、香料その他の農産物を始めとし、石油、鉄、錫などの鉱産物より、魚、海草、真珠、貝等の水産物に至るまで、その産額すこぶる多く、あまねくこれを海外に供給するその一か年の輸出高が四十億の驚くべき巨額に達せるを見ても、如何に大なる恩恵を世界各国民の実生活の上に与えつつあるかを想像せられるものである。これが為、列国は競いて南洋の富源を開拓して諸種の投資企業を行っている。～中略～顧みて我が国を見るに、年々少なからぬ人口の逓増と更により以上の消費の膨張とをかさねつつあるに拘わらず、領土狭少にしてかつ天恵地力ともに豊かならざる為、諸種の原料常に多々益々不足を告げ、これを海外よりの供給に仰がねばならぬに反し、ヨーロッパ大戦以来諸工業異常の発達を遂げ、その製品は年々国内に溢れつつあるもこれを充分輸出する由なく、ために連年輸入超過を重ね、巨額の対価を海外に払い出す~後略~」

要するに、日本は領土が狭いのに人口は年々増加し、資源も少なく経済が困難な情勢にあると説明している。まさに当時の国情そのものであろう。これから15年後、大東亜戦争は終盤を迎えようとしていた。また、1944年（昭和19年）4月1日、日本統制地図株式会社発行の「大東亜南方圏地図帖」の地誌によると、「基本的通貨（圓）が取り持つ全東亜」と題し、次のように記述されている。（現代表記に改めて引用）

「既に満州国と中華は（円）を中央発券銀行の準備とした。泰国（現タイ）も銖《パーツ》と円を等価と定め、更に全東亜の通貨の基準も同じように成ろうとしている。こうして全東亜の人たちがその経済生活の基準を「円」において計算蓄積しようとすることに、東亜の人々の運命が不可分関係を成熟せしめつつあるのである。~中略~全東亜の人々が「円」を通じて相互信頼の関係を断ち難いものに構成しつつあるところに、新しい秩序の広さと深さとが知られ、我々は無限の忻快《きんかい》を覚えると同時に責任の重大さを痛感するものである」

大東亜共栄圏構想は、このようにして軍事政権のもと、産・官・学一体となって進められていった。

19　外邦図にみる国・島の改名

外邦図は我が国が戦前・戦中に作製した地図である。地図は文化水準のバロメーターといわれるが、当時の大東亜共栄圏内では測量に基づく正確な地図を作製できる国はほとんどなかった。終戦後、独立し地図づくりを始めたが、国境や国名、地名、島名などを当事国が変更した。東南アジアと太平洋諸島を例に挙げてみる。

ビルマ→ミヤンマー　シャム→タイ　仏領インドシナ→ベトナム・カンボジア・ラオス　マレー→マレーシア　蘭領東インド→スマトラ島・ジャワ島・セレベス島（現スラウェシ島）　ボルネオ島→カリマンタン島などである。

本書では戦前の出版物「世界風俗地理大系第四巻」（新光社）を参考として、当時の状況が判るようにあえて旧名を記述して載せた。現在は、ミクロネシア諸島はミクロネシア連邦、マーシャル群島はマーシャル諸島共和国である。しかし、マリアナ諸島のグアム島、ウェーク島は今もって米領である。ポリネシア群島でもソシエテ諸島のタヒチ島、ガンビエール諸島などは仏領。フェンダーソン諸島、オマノ島などの英領が点在している。この周辺では何度も原水爆実験が行われて、東京から直行便で約12時間のポリネシア最南端タヒチ島民はいまも放射能による後遺症に苦しんでいるという。

１９５４年（昭和29年）、マーシャル諸島のビキニ環礁では、アメリカによる水爆実験が行われ、マグロ漁船第五福竜丸が被災したことは記憶に新しい。60年以上経った今、福島原発で被災した、福島県大熊町出身の女子大生たちが、マーシャル諸島を訪ね住民との交流を通じて、被害の現状を学んでいる姿をテレビが伝えていた。島民の話を聞き、福島原発の現実を伝える真剣な表情には心を打たせるものがあった。

●想像をはるかに超えた恐るべき被爆の実態

世界で唯一核爆弾が投下された広島・長崎の実状は、今更本書で詳述しても仕方ない。多くの人がその痛みを引きずり共有している。その他、良く知られているのが前述したビキニ環礁での水爆実験やチェルノブイリ、スリーマイル、福島等の原発事故がある。

しかし、これらはごく一部で、世界では多くの被爆者を出した核実験やウラン鉱石採掘被爆があり、殆ど公けにされていない。核実験の代表例は

アメリカ	１０５７回	（ネバダ、アラモゴード、アムチトカなどの核実験場等） 地下８００回　地上２００回他　被爆者１００万人以上
ロシア	７３８回	（セミパラチンスク・現カザフスタン共和国、チャジマ等） 地下４９６回　大気圏２１９回他　被爆者不明
フランス	２１６回	（サハラ砂漠、アルジェリア他） 地下１６０回　大気圏50回他　被爆者不明
イギリス	47回	（ウインズケール、セラフィールド、ミクロネシア、ビキニ環礁他） 地下24回　大気圏21回他　被爆者２００万人以上移住

中国	45回	（新疆ウイグル自治区楼蘭・ロブノール） 地下22回　大気圏23回　立入禁止、実態不明
インド	3回	（ホカラン）地下3回
パキスタン	2回	地下2回
北朝鮮	3回	地下　実態不明

合計2105回　推定被爆者500万人以上。マーシャル諸島ビキニ環礁、キリバス、フランス領ポリネシア等の南太平洋諸島の住民は移住を余儀なくされた。

湾岸戦争では、米英が初めて劣化ウラン弾を使用、イラクのバクダット、バスラ等で現在も白血病、ガン、先天性異常等で、次々と子供たちが死んでいる。

ウラン鉱石採掘被爆はアメリカアリゾナ州他、世界で19か所にのぼり、原子力発電所は、アメリカ99、フランス58、日本48、ロシア29、韓国23、中国22、インド22他、世界32ヶ国で425基、建設中24基となっている。

これを世界地図上に分布すると、核にまみれた地球の実態を改めて知り、考えさせられる。

核に関する情報入手は、広島平和記念資料館他多々あるが、「伝えたい核とヒバクシャ」という活動がある。

2002年（平成14年）に発足したＮＰＯ法人ヒバクシャ展は、6名の日本人写真家が撮影した、広島・長崎の原爆、世界各地の核実験、原発事故、ウラン鉱山採掘、劣化ウラン弾等による世界中の被爆者や核汚染の生々しい現場を撮影、精力的に国内外で写真展を開催して核廃絶を訴えている。

写真を通してだが、核のない世界を目指し力強く生きる被爆者の姿に国内外の多くの人々の共感を呼び、拡がりを見せている。

20 南洋諸島と日本の関係——日本語には多くの南洋語が

ニュージーランドはオーストラリア大陸とともにし、メラネシア、ミクロネシア、ポリネシアの3群島をもって大洋州諸島とするのが常であり、いわゆる大洋州、即ちオセアニアとは、これらの諸島とオーストラリアの総称である。ただし、面積はこれらの全てをあわせても、中国一国にすら及ばない。

「関東大震災のエネルギーの何千何万倍という怪力を無造作にあらわし、目醒ましくも織り出された褶曲山脈と断層山脈の数々は南の海に雲の如く蝟集《いしゅう》し、多くの畸形《きけい》形態の島々と半島とを生み落としたのである。珊瑚を以って取囲まれたこれ等の島々に集い来れる生物の多種多様さよ」と語られている。

その他、当時使用されている表現には、「銀河に似た島々、平行山脈の二大系統、火山及び火山帯、珊瑚礁と地殻の生物、平原、海、海盆、海溝と甲斐淵、モンスーン、タイフーン、ゴム気候、砂糖気候、天竺の暑さ、常夏と常春、スコールなど地理的特徴には南シナ海、太平洋でつながっている。」

日本人の由来にはいくつかの説がある。朝鮮半島を経由してアジア大陸から来たという北方説、あるいは南方から島々を経由して来たという説で、これは１８８１年（明治21年）参謀本部陸地測量部発足頃から起こった。

日本語には多くの南洋語が含まれている。近代における外来語としてではなく、古来の純粋語として認められている国語のうちに、南洋語と同じ語源か、もしくは南洋から入ったと思われるものが相当数あると認められてきた。筆者は、言語については専門外だが、この学説は多くの支持を得ていることも事実である。

例えば、「民族考古学」（西岡英雄著ニューサイエンス社）でも、ポリネシア（マオリ族）の神話と日本書紀の天地創造神話との類似に触れている。日本の神話で有名な大國主命の伝説には、因幡の白兎が登場するが、カンボジアでは「利巧なウサギの話」にワニザメが登場する。因みに、ワニザメとは、フカ、サメのことといわれ、フカヒレは高級食材である。ジャワでは「ネズミジカとワニの話」、ベトナム、シンガポールも「ウサギとワニ」、マレーシアの北ボルネオ民話では「利巧なネズミジカ」になる。その他、ミンダナオ、セレベス、ニューギニアなどに似た民話がある。日本語となっている代表的なポリネシア語には、「ありあり、はらはら、ふらふら、ほのぼの、とことこ、ぴかぴか、ぷかぷか、はら（腹、原）、ほら（法螺）、わめく、がんばれ」、などがある。

カヌーによって移動して日本に渡来した言い伝えも多い。また、神武東征、国つ神と天つ神、カヌーを表す神社の鳥居（赤い柱に黒い屋根）など多くある。

21　当時の各地域の背景と独立への道

東インド諸島（現インドネシア）は、多数の島嶼群の総称である。このうちボルネオ北の一部と、ティモール島の東半（東経125度以東）を除いて、他は全てオランダの領土であった。主な島嶼はジャワ、スマトラ、蘭領ボルネオ、セレベス、モルッカ、ティモールなど。1854年（安政元年）、オランダ政府が制定した東インド政府法令に基づき、オランダ総督のもとに州知事が統治していた。実際はオランダ官吏が握り、オランダの宝庫ともいわれた。ジャワは極楽島と呼ばれ、日本名を瓜哇《ジャワ》と書く。

●仏領インドシナ――現在のベトナム・ラオス・カンボジアの地域

インドシナ半島の東半分を南北に長く占めており、北端は北回帰線から、南端は北緯8度のカンボジアの先端まで続く。西は東経100度から、東は東経109度の間に拡がっている。

安南山脈が北西から南東に向かって、安南《あんなん》とラオスの間に走っている。北トンキンには中国雲南から流れるソンカイ河があり、ラオスとシャムの国境を南下して、限りない沃土を展開する長河メコンは、中国南方を富ませて南シナ海に入る。

この仏領インドシナは熱帯モンスーン地域にあるので、インドよりは湿度が高く、ことに低地は雨量が多い。西部の山林地方は南西モンスーン（季節風）が吹くので、6月から11月にかけて激しい雨の日が続き、東部の海岸に沿った安南地方（現ベトナム中部・北部）では、北東モンスーンが吹き、11月から2月までが雨季となる。

仏領インドシナは中国唐代に安南都護府《とごふ》（現ハノイ）が置かれていたことから安南と称していた。1858年（安政5年）、フランスのナポレオン三世がスペインともに攻撃、翌年にはサイゴンが占領された。1862年（文久2年）、サイゴン条約以来、フランスはインドシナ半島東部の大半を植民地とした。第二次世界大戦以降、ベトナムは東西大国の争いに全土が巻き込まれ、最終的にはジャングルで米軍との悲惨な戦いを勝ち抜いて独立した。ジャングルでの米軍による枯葉剤作戦は今も悲惨な戦争行為として語り継がれている。

●スマトラ島

スマトラは赤道を中心として南北にまたがり、北はマラッカ海峡を、南はスンダ海峡を隔ててジャワに接している。東は南シナ海やジャワ海を隔ててボルネオに達し、西はインド洋に面している。地形は南北にかけて長く、周囲には大小の島が無数に散在している。日本全体の面積より少し小さい。西海岸には高峻な山脈が連なり、コリンチ山、デムポー山、オフィル山など3000〜4000m近くに達している。多くの火山があり、温泉が湧出し間欠泉などがある。スマトラの先住者は回教徒（当時はマホメット教）であり、イギリスは植民地化に相当てこずった。30年間で約20万人もの犠牲者が出たともいわれる。主要な産物に胡椒があり、世界最大の胡椒産地となった。オランダが東洋において貿易を始めたときには、スマトラの胡椒目当てであったともいわれる。

●マリアナ諸島と小笠原諸島

第一次世界大戦後に日本委任統治領となった、ミクロネシアはマリアナ、カロリン、マーシャル群島（当時の呼称）などからなる。

現在、そのほとんどがミクロネシア連邦となっているが、マリアナ群島はマリアナ諸島共和国となった。マリアナといえば、グアム、サイパンの激戦地として知られるが、米軍がサイパンに飛行基地をつくり、B29爆撃機による日本本土空襲を行った。その距離2300㎞であった。今もなおグアムは米領となっており、太平洋に展開する米軍の重要な軍事基地がある。日本の小笠原諸島のはずれ硫黄島の南方にあり、規則正しい弧状に連なっている。海の面積が広範であるから、気象は位置によって異なるが、純然たる海洋式で赤道の両側、南緯あるいは北緯30度まで、それぞれ東南から北東の貿易風となる。西に流れる赤道海流に洗われ、風は年中涼しいが気温は年中高い。

マリアナの北端から日本の小笠原諸島の端、硫黄島は紛れもなく日本領土である。グアム、サイパンに続き、硫黄島の激戦は今も語り継がれている。東京から僅か1200㎞のところにあり、自衛隊の基地が置かれている。硫黄島の激戦では2万1900人の戦没者を出しながら、未だに1万2000人の遺骨が眠っている。日本領土でさえこのような状況ゆえ、まして海外での遺骨収集など進むはずがないのが実情である。

22　大東亜共栄圏構想についての地理教育

1943年（昭和18年）3月、文部省発行「初等科地理」という教科書がある。「朝鮮」「支那」「台湾」「満州」などの記述もあるが、ここでは南洋群島についての解説部分を引用する。「わが南洋群島の西から南にかけて赤道を中心に、ルソン、ミンダナオ、ボルネオ、スマトラ、ジャワ、セレベス、パプアなどをはじめ、大小さまざまの島の一群があります。みんな熱帯の島で、ボルネオやパプアは日本全体より大きな島です。

大東亜戦争が起こって、これら熱帯の島々の大部分はインドシナ半島のマライやビルマなどとともに、わが皇軍の占領するところとなりました。ビルマに続いてインドがあり、皇軍の活躍は西へのびインド洋に拡がり南へ下って豪州に及んでいます。

豪州の東には南太平洋の広い海面にわたって、たくさんの島々がちらばっています。ニュージーランドのような大きな島もありますが、たいていは小さな島々で、ちょうどアメリカ合衆国から豪州に至る道すじに当たっています。

私たちは、日本を中心として、太平洋の諸地方をひととおり地図によって見渡しました。そのうちで、アメリカ大陸をのぞいた他の

地理教育　初等科地理

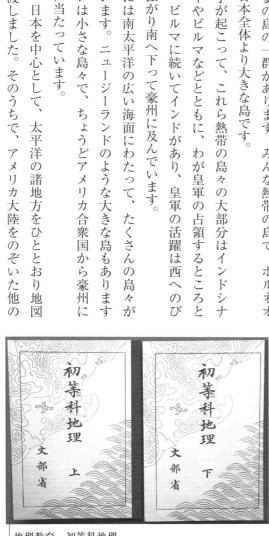

地方は、大体今日大東亜と呼ばれている地域のうちにはいるのです。～中略～南洋群島は日本列島の南、赤道に近い熱帯の大海原に広くちらばっている島々で、わが太平洋方面の国防上の基地として非常に大切であります」

「更に大東亜戦争以来は、昭南島（現シンガポール）を中心として、フィリピンや東インドの島々が、力強く大東亜の建設に加わって来ました」

これが、国民学校初等科地理の教科書内容である。

１９３８年（昭和４年）２月、文部省検定「中学校・高等女学校地理科教科書」（帝国書院）では、かなり詳細な地理学科の内容となっている。当然のことながら、陸地測量部作製の外邦図がベースとなっている。日本本土のほか、朝鮮、台湾、南洋群島、樺太に至る範囲の地図は勿論、地形・地質、気象、産業資源、人口などが詳細に記述されている。

このように、低学年から高学年に至るまで、地理教育が徹底されていた。

23　大東亜戦争が残した傷跡――進まない遺骨収集

大東亜戦争は、ハワイ真珠湾攻撃での開戦から東京大空襲をはじめとする本土各地の空襲、沖縄の激戦を経て、広島、長崎の原爆投下によって、ようやく終戦を迎えた。

この間、大東亜共栄圏での戦没者は２４０万２３００人である。このうち、政府や日本遺族会などが外

千鳥ヶ淵戦没者墓苑

地から収集して持ち帰り、遺族に引き渡された数は正確には把握されていない。ただ、１９９７年（平成９年）12月末現在の送還数は、日本遺族会の発表で、１２２万８３７０柱である。うち、千鳥ヶ淵戦没者墓苑には、引き取り手が不明の36万９１６６柱（平成30年５月28日現在）の遺骨が納められている。身元の判明しない無縁仏である。主な地域は、フィリピン９万４９３９人、中部太平洋・ニューギニア・ソロモン・ビスマーク諸島11万９７６１人、中国・台湾７万６３８０人、などである。要するに、戦没者の半数しか遺骨収集が出来ていない。遺骨収集どころか調査さえ出来ない国もある。硫黄島は日本の領土でありながら、未だに１万２０００人もの遺骨が発掘されていない。幸い、フィリピンでは現地の協力で遺骨収集も慰霊祭も行うことが出来る。しかし、51万８０００人の戦没者に対し、遺骨送還数は14万１０００人で、37万７０００人が残されたままである。近年、現地に依頼して発掘の上、送還してもらった遺骨の中に、日本兵の遺骨でないものがあり、中断しているが２０１８年（平成30年）、日本遺族会が再度遺骨収集に乗り出した。しかし、中国や北朝鮮にいたっては、現地を見ることも、近くで慰霊をすることすら出来ない。宿泊施設の一室で、ささやかに慰霊祭の真似事をする有様である。そして、未だ祖国の土を踏めないままに、戦地で眠っている遺骨は実に、117万3930柱にのぼる。国別内訳は、次のとおりである。

戦没国	戦没者数	遺骨送還数	未送還数
ロシア、カムチャツカ・アッツ島	7万9400人	9325人	7万75人
満州・モンゴル	24万7100人	3万9545人	20万7555人
南北朝鮮半島	5万3500人	2万5400人	2万8100人
中国本土	46万5700人	43万8470人	2万7230人
台湾	4万1900人	2万6310人	1万5590人
ビルマ	16万7000人	11万1280人	5万5720人
アンダマン諸島	2万1000人	2万170人	830人
ベトナム	1万2400人	6910人	5490人
インドネシア・ジャワ	2万5400人	1万1020人	1万4380人
ボルネオ	1万8000人	7070人	1万930人

フィリピン	51万8000人	14万1000人	37万7000人
マリアナ諸島他	24万7000人	7万2080人	17万4920人
ニューギニア、西イリアン	5万3000人	3万1850人	2万1150人
東部ニューギニア、ソロモン	24万6300人	10万4390人	14万1910人
その他	20万6600人	18万3550人	2万3050人
合　計	240万2300人	122万8370人	117万3930人

24　現在、日本の作製した外邦図は東南アジア諸国からも熱い視線が向けられている。これほどの地図は彼らの国にはないからである

これらは、デジタルアーカイブされ、現在の地図と比較して見れば、地形、地質、植生、資源などの変化が判る。その上でも研究者だけに留まらず、政治、経済、産業、教育などのあらゆる分野で貴重な資料となる。

かつて、千代田区神田神保町の古書店街に、主として中国、韓国の人々が古地図を買い漁っていた姿を何

度も目にした。これは、研究に使うというより、尖閣、竹島などの問題で、歴史上日本の領土として記載されていることが不利になるので、その関係地図だけを買い漁っていたのである。筆者がそのことを知った時、研究のためでなくそこまでやるか、と愕然としたものである。

現在、我が国は地理・測量・地図づくりに於いては、世界をリードする立場にまでなっている。地球地図や月地図作製についても中心的役割を担い、海路図のデジタルマッピング導入にも貢献している。２０１９年7月には、国際地図学会が日本の青海「日本科学未来館」で開催される。世界の地図学者約５００人を迎え、日本地図学会６００人と併せ１１００人が参加する。

25　近世古地図は経緯と事実を一番知っている歴史の証言者である

我が国の戦争に関する近世古地図を時系列でご紹介してきた。これらは、地政学・地経学上から何故、大東亜共栄圏構想により戦争に突き進んだか、経過と結果はどうなったのか。歴史の証言者として登場願ったものである。新高山のぼれ１２０８や、トラ、トラ、トラで有名なハワイ真珠湾攻撃で大東亜戦争に突入、そこに至る経緯と１９４５年（昭和20年）8月15日、ポツダム宣言受託、天皇陛下の玉音放送をもって、一方的に終戦を宣言するまでの出来事は、明治維新から１５０年、戦後75年を迎えようとしている今、20世紀に於ける我が国のあまりにも大きな史実として忘れることはないし、忘れてはならない。

今日、それが侵略戦争であったか、植民地解放という美名の戦いであったのか、また米、英、仏、露を代表とする覇権主義への対抗であったのか、いずれにしても小さな強国、大日本帝国は世界の包囲網にあい、やむなく日・独・伊三国同盟により挑んだのである。

起因については今さら筆者の私心を述べるつもりはない。大東亜戦争の実相（瀬島龍三著・ＰＨＰ研究所）を読めば、なるほどと思い、護憲派論客の侵略戦争論に耳を傾ければ、なるほどと思い、国民それぞれの思いがあろう。

しかし、この古地図たちを時系列を追って、良く見、良く聞いてみれば、おのずと判断がつく。地図は目的のために作られ、使用され、結果を記録している。だからこそ、その経緯と事実を一番知っている「証人」なのである。

当時の人達が皆この世を去って語らずとも、地図だけは歴史の証人として生き続けるのである。

26　先人は訴えている——社会地理・地形図の辯

戦時統制下にあって、一般国民の使用を禁じた地図というものの貴重さと、平和目的に利用し、向上を促す提言である。

北田宏蔵博士は東京帝大、駒澤大学教授・理学博士として、社団法人地図研究所評議員であった。社団法人地図研究所は、１９４２年（昭和17年）９月16日に文部大臣の許可を得て設立された。

その目的は、軍官・学界・教育界と日本地図株式会社との間に立った、地図に関しての重要な機関である。

戦後、日本地図学会として受け継がれ、初代会長加藤武夫（東京帝大理学部長、帝国学士員会員理学博士）、二代目会長飯本信之（東京女高師教授、理学博士）、三代目会長田中薫（神戸商業大学教授、理学博士）に続き、第四代会長に就任された方である。

１９４８年（昭和23年）10月号、社会地理№17号、「地形圖の辯」で、地図の統制時代をかえりみて語っている。文中、戦後の地理教育について述べているので、引用して紹介する。「～略～今さら戦争時を云為しても致し方ないようであるが、筆者はこの苦しい経験を現在及び将来に活かし、風害、水害、火災等の対策上からも地図の普及を図りたいのである。現在われわれは詳細な地形図を自由に入手し得るが、その利用は極めて不充分である。

一般人がもっとこれに深い関心を持っていたならば、過日の暴風雨による惨害の如きも遙かに軽減するを得たのではあるまいか。さらに地図は土地利用の合理化、開拓、その他諸種の企画に極めて肝要有効であるが、今ここには姑く筆を擱く。

軍国時代には軍隊において軍事上の必要から相当の地図教育が行われたが、今度はこれに劣らず、いな一層盛に文化教育の面でこれが取り上げられなくてはならない。斯くしてこそ始めて以前の軍部が現在の平和国家に対して遺した唯一の文化遺産たる地形図の価値が向上し得るであろう。」と結んでいる。

今この提言を目の当たりにし、博士の語りかけには、戦後教育からＧＨＱが地理を削ったことに対する、将来への先見性、危惧を感じ取るのである。現在、以前よりは良くなったと思うが、現状はまだまだお寒い限りといっても過言ではない。平成14年度から、文部科学省令で施行された授業時間の基準では、小学校の6年間に３４５時間、中学校の3年間で２９５時間の、社会科授業の中で行われるという。週休２日制でもあり、前年度までに比べ、小学校で75時間、中学校で90時間の減少という。このうち、地理・地図の授業が各々一割あるかないかの、悲しくなる時間数といってよい。しかも、進路別となる高校では推して知るべしであろう。最近の大学入試センター試験の地理学の問題を見ると、いかに地理学が奥深いかが判る。世界や日本の地理・地図の知識を得ることにより、昨今の地政学上、地経学上による、紛争も見えてくるであろう。人類が地球に住み、自然を糧とする動植物と共に、環境保護を図りながら、共生していく原点ともいえる。これらのことを博士は提言し、人々に語っているように思える。

我が国の地理学者が、一時期、軍・官に利用され、統制地図づくりを余儀なくされたとはいえ、多くの文化遺産を残し、今日の地図となっている。しかし、ともすると一般的に、目的地に行く為とか、商業利用のみが表だってみえる。多くの人々が地理・地図の知識を深め、理解することによって、生きる為に必要な知恵を得る為の、知識であることを知って欲しい。その割には、詰め込み教育の弊害とはいえ、現在の地理・地図教育時間は満足とは言えないのではないか。

◆コラム◆◆◆

大東亜共栄圏構想の人材育成・教育について
「南方特別留学生」（通称南特《なんとく》）

日本への留学生は、１８９６年（明治29年）中国から私費で13人。１９０６年（明治39年）頃になると、日露戦争に勝った日本に学べと沢山来るようになり、中国からは一万人を超えたといわれている。その他朝鮮、台湾、ベトナム、フィリピン、インド、マレーなどからも多数来日した。孫文、蒋介石、周恩来、汪兆銘、ネール、シアヌークも訪れたという。

これらの留学生のほかに、東條英機首相の推進したのがこの「南特」であった。「南特」とは、大東亜共栄圏つまり、南方アジア諸国から招いた特別な留学生で、日本初の国費留学生であった。招いたと言えば聞こえは良いが、半ば強制的に来させたと言ったほうが良い。東條英機は、大東亜戦争によって東南アジアに進出し、欧米列強に植民地化されていたこれらの国々の、王家や大統領、政財界リーダーの子息達から優秀な者を選んだ。大東亜共栄圏の

周恩来留学地　現東京都千代田区神保町区立愛全公園内

明日を担うリーダー育成の為、日本へ留学させたのであった。１９４３年（昭和18年）７月、フィリピン、マレーシア、スマトラの第一陣30余人を皮切りに、同年１１６人、１９４４年（昭和19年）87人、合計２０３人が各国から選抜されてやってきた。フィリピン班27人の代表格には、後の昭和20年３月家族やアキノ氏ほか数人の閣僚を伴い、日本に亡命したラウレル大統領の息子も入っていた。彼等は大東亜戦争の激化していく中、船を乗り継ぎ苦労して来日、政府の用意した目黒区本郷の学生寮に入った。そこでは寮父母さんと先生に温かく迎えられたのであった。この留学生達に日本語を教える先生として任命されたのが、故上遠野《かどの》寛子氏であった。実は偶然にも拙書「地圖」が語る日本の歴史～大東亜戦争終結前後の測量・地図史秘話～（暁印書館）の編集者、上遠野リツ子氏の実母である。上遠野寛子氏は先生でありながら彼等からお姉さんと慕われた。この留学生の受入には、神宮外苑で行われた各国の学生大会に、東條英機首相が出席して激励したほどの熱の入れようであった。

南特学生へ日本語レッスン（写真提供：上遠野リツ子氏）

彼等は先生（お姉さん）から日本語や日本文化などを学び、やがて各々の進路別に、現在の東大や広島大をはじめ全国の大学や専門学校に散っていった。英才教育をして母国に帰し、独立国として政治、経済、学界のリーダーとなって、大東亜共栄圏の発展、親日家として育てる国策であった。1945年（昭和20年）8月15日、終戦を迎えたが、広島で被爆し命を落とす者、日本人と結婚して日本に残った者、アメリカへ渡った者もいたが、その多くは母国へ帰った。戦後、反日感情が高まっても、親日家としてアジア各国と日本の間に立ち、平和とアジア発展のために貢献した。動機は別としても、東條英機の唯一の遺産とも言える。

福田赳夫首相になり「福田ドクトリン」という東南アジア重視の政策を推進することになった。この機会を捉えて民間での交流も盛んになった。彼等は財団法人アセアン元日本留学生評議会（ASCOJA）を組織して、定期的に日本などで同窓会を開催、親日家として活躍してきた。舞台裏には上遠野先生（お姉さん）の果たした功績は計り知れないものがある。「東南アジアの国々を深く知らなかった私であったが、幼い頃から人間の〝心の大切さ〟を親から聞かされてきた私は、国の違いよりもまず同じ人間として心を開いたつき合いを少年たちと始めたのであった。私には先生としての立場も大切であったが、異国で学ぶ彼等の姉であろうとした。」という先生の言葉が残されている。それから四十年が過ぎて、少年たちは建国の志士となり、母国を背負って立つ人材として立派な紳士となった。

2002年（平成14年）夏、「フィリピン元日本留学生連盟（PHILFEJA）」より、「感謝の楯」が贈られた。「お母さんが来られないなら、必ず代理出席してくださいね」といわれ、上遠野リツ子氏が出席した。筆者も同窓会のお手伝いをしたことがあるが、元留学生達は政府要人の誰よりも皆、お姉さんを囲んで談笑していた。この財団法人アジア留学生協力会も、皆が高齢化したことや事情により、２０００年（平成12年）に解散したが、「南特」の遺産は今もなお、東南アジアと日本の架け橋となって息づいている。このことを考えると世界やアジアの平和、発展の為に、この種、留学生制度、教育支援を国策として大いにやり、後世の為に残してやりたいものである。（南特については、上遠野寛子著「東南アジアの弟たち」暁印書館の一読をお勧めする）

27　日本の陸軍・海軍の戦力喪失について
――どのように進出・侵攻・占領し、どのように敗退・撤退・消滅していったか

大東亜戦争に於ける大日本帝国陸軍・海軍の、戦力喪失一覧図をじっくり見て頂こう。一体何を語り、何を訴えたいのであろう。

日本陸軍の敗退状況(大本営は転進と表現)が痛々しいほど良く判る。また、海軍が誇った戦艦「大和」ほか、武蔵、比叡、霧島、赤城等々が撃沈された場所が一目で判り、広い太平洋に展開していった大日本帝国海軍が、徐々に壊滅されていった様子が、言葉や文章ではなく、目の中に飛び込んできて良く判る。

この地図の発行について、当時の日本地図株式会社社長植野録夫氏が述べているので、そのまま引用したいと思う。

「昭和20年8月15日、太平洋戦争は終焉した。当時は、新聞にもラジオにも報道管制が敷かれていて、我々は戦争の実態を殆ど知らされぬまま、終戦を迎えたのである。

この戦争はいかなる過程で進行し、そしていかに終わっていったのか、その真相を知りたいと思うことは切実であった。昭和21年5月、東京国際軍事裁判用地図の作製を担当したのを機会に海・陸戦史地図の必要を痛感し、戦史室を設けその編集に没頭した。復員庁第一、第二復員局の残存資料を基礎として官庁で焼却中の関係書類の中から収集したもの、又個人が秘匿してあった書類等を集大成して昭和22年2月15日に日本海軍艦船喪失一覧図、昭和22年4月30日に日本陸軍戦力喪失一覧図を完成した～中略～

この2枚の陸海の地図と数字を見れば太平洋戦争の実状とその終末は切実に胸を打つものがある。早くこの実状を明かにして、国民一人一人に訴え

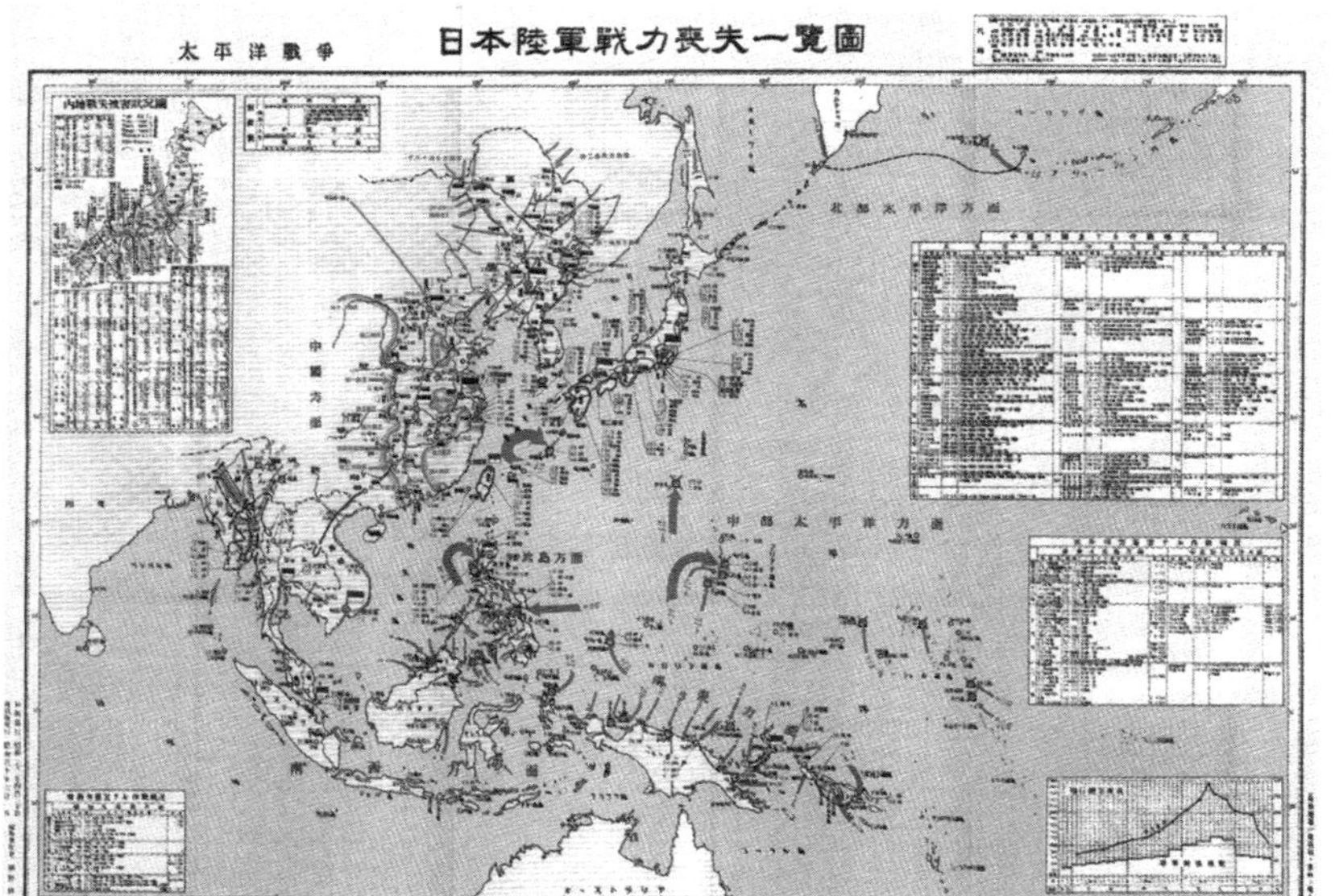

陸軍戦力喪失一覧図　昭和22年4月30日

たかった。

　ところが突如ＧＨＱの命により日本独自の戦史地図の編集出版は禁止となり、国民への頒布は思うにまかせず在庫量の全部をＧＨＱ歴史課に押収され、万事休した。

　ところが昭和45年頃思いも寄らぬ事を耳にした、米国で日本字の戦史地図が発行せられているとの事だ、早速調査にとりかかりその真相を究めることが出来た。

"Report of General MacArthur Prepared his General staff The Campaign of MacArthur in the Pacific vol. 1-2 1966　Washington, D.C. for sale by the Superintendent of Documents, U.S.Goverment Printing Office, Wash.D.C. 28402"

　この本は１９６６年つまり昭和41年に発行せられた米国公刊の第二次世界大戦戦史全17巻の一部であり、マッカーサーによる太平洋戦史の報告書

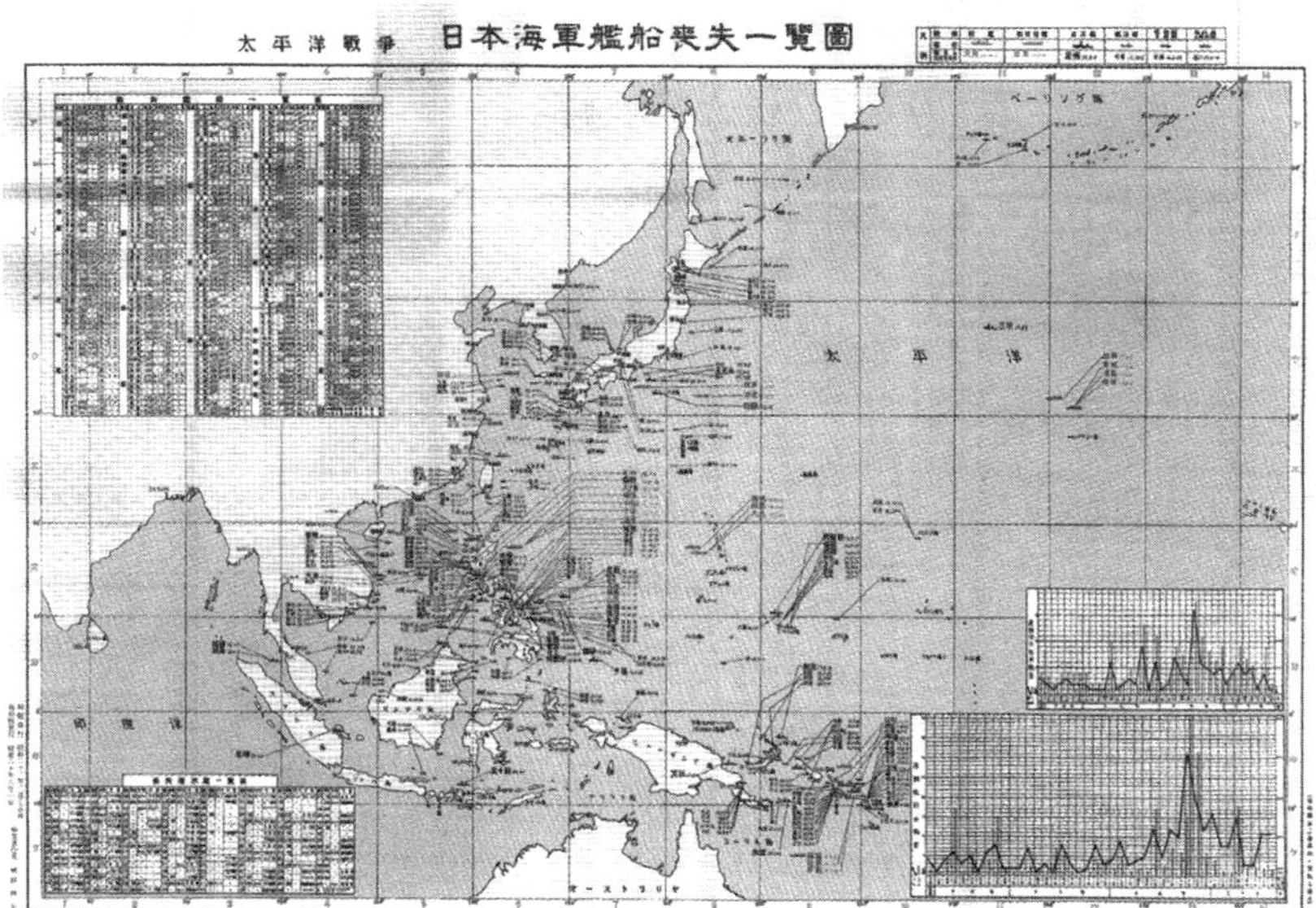

海軍戦力喪失一覧図　昭和22年2月15日　日本地図発行

となっている。
勿論市販品ではなく聯合国や軍部関係方面へ頒布せられた戦史記録の大冊もので、奇しくもその第17巻に私の描いた日本海軍艦船喪失図が日本文字のまま表紙見返しに使用してあり、裏表紙には日本陸軍戦力喪失図がやはり日本文字のまま使用されていることを知った。これは歴史的な堅苦しい大冊の戦史本を読むより一番わかりやすい地図で大局をすぐ理解するに便利な為であろう。専門家ならいざ知らず国民の大半は、戦争の複雑怪奇な駆け引きよりも最後の決着を早く知りたい。あの難解な大冊の戦記叢書が敬遠される理由である。（中略）海域に消えた幾多の艦船は、兵士の墓標にも見えてくる。我々は、再び墓標を立ててはならない。この喪失図を見るだけでも、戦いを繰り返してはならないと、深く痛感するものである。」

筆者が追記するまでもない、まことに同感である。侵略だの侵攻だの、セキュリティだった、自存自衛だった、いや聖戦だのと色々論評されている。例えどの解釈が正しくとも、戦争はやってはいけないと、この地図が歴史の証人として語っている。

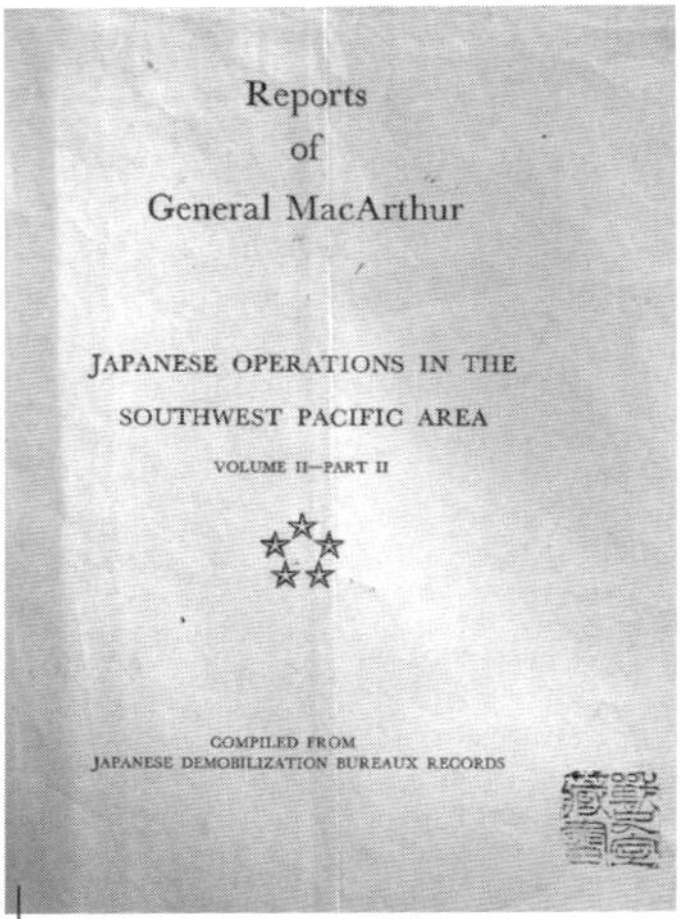

マッカーサー回顧録

しかし、現実には中国、北朝鮮（朝鮮民主主義人民共和国）における軍備増強や核開発が進んでしまった。イラク問題は我が国のイージス艦も派遣され、国会では有事法制も議論されたり、自衛隊の海外派遣も行われた。しかし、熱のこもった論戦は国民に伝わらず、森友、加計、文書偽造、忖度、福祉介護、子育て、働き方改革、などに追われ地政学、地経学による世界観の論争などまるで伝わってこない。この間にも世界情勢は刻々と変化している、後世あらたなる墓標を立てることのないよう願うばかりである。

28　東京国際軍事裁判について

この地図はＧＨＱから注文があり、日本地図株式会社が作製して納入したもので、実際に法定で使用されたものと同じ地図であり、納入に際してのエピソードを紹介する。

そもそも極東国際軍事裁判の法廷として使用された場所は、１６５６年（明暦２年）第四代将軍徳川家綱より、５万坪を拝領した尾張徳川家が、市ヶ谷に上屋敷を築いた所であり、歴史を経て大本営陸軍部陸軍省参謀本部がおかれた。

１９４５年（昭和20年）終戦直後、米軍に接収され、裁判終了後は米極東軍事司令部として使用、１９５９年（昭和34年）に返還された後、陸・海・空自衛隊幹部学校等を経て、平成12年５月防衛庁（現防衛省）となった。

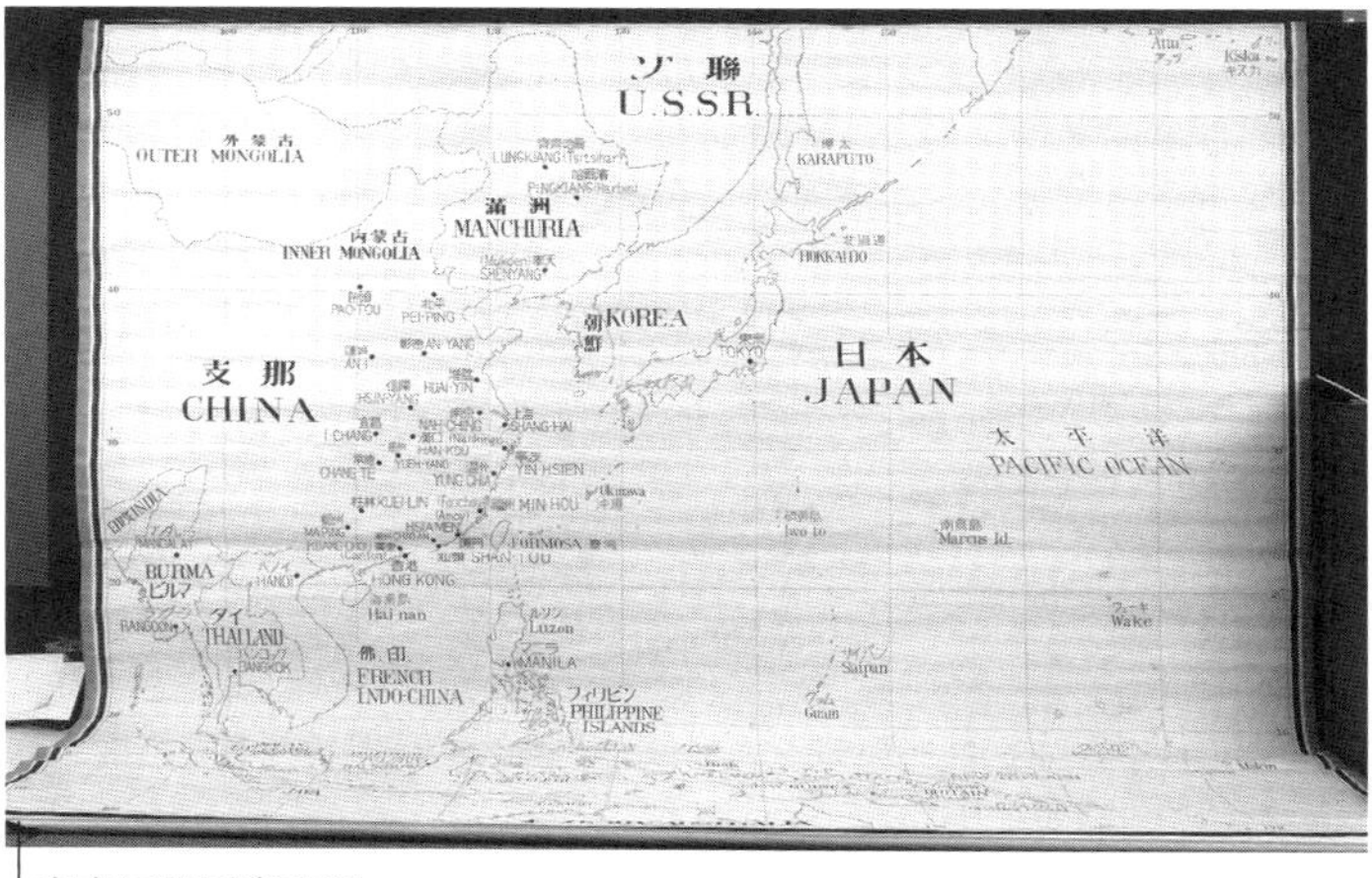

東京国際軍事裁判
マッカーサー率いるGHQから急拠注文が入り巨大な掛図（横３m 20、縦２m 50）を作製して納入した。写真は同裁判所で使用されたものと同じ地図

この間、三島由紀夫事件の舞台ともなったが、現在この敷地内に市ヶ谷記念館として、当時の大講堂を移築、いろいろな遺品と共に保存、公開されている。

さて、この法廷に掛ける為の地図を納品したのが、1946年（昭和21年）5月3日、第一回の法廷が開かれた日である。日本地図株式会社社史と当時の状況聴取によれば、当日の午後この地図を持参したところ、起訴状朗読の時、大川周明が東條英機の頭をピシャリと叩いた。すぐ後ろに控えていたMPが一度肩を押さえていたが、すぐにドイツ語により大声で絶叫したため、裁判長はMPと大川周明の弁護人をつけて、退廷命令を出した。翌5月4日、大川周明入廷後裁判長が、「精神鑑定を受ける為入院を命ずる」と宣し、ここに大川周明はこの裁判から解放された。数年後には精神的にも立ち直り、最後は病死したが、獄中においてはコーランの翻訳までしたという。優秀な官僚で大東亜秩序建設・新亜細亜小論で知られる、ウルトラナショナリズムの推進者大川周明のことは、本当に精神疾患であったのか、筆者としても今もって疑問なのである。

1948年（昭和23年）11月4日〜12日、判決申し渡しがあり、絞首刑7人（陸軍軍人6人、文官廣田1人）、終身刑16人、有期禁固刑2人が確定、閉廷午後4時12分となっている。この間、法廷の壁に掛けられ、ずっと成り行きを見守って来たのが、この地図であり、なにを感じ、何を語りたいのであろうか。

日本は直ちに、アメリカ大審院に申立をしたが却下された。理由は、「アメリカ大審院は東京国際軍事裁判所の決定した判決に干渉する権限はない」とし、これを受け同年12月23日に刑が執行された。奇しくも天皇誕生日であった。

判決に先立つこと1947年（昭和22年）5月1日、山形県酒田市に於いて極東国際軍事裁判の臨時法廷が開かれた。病気により市ヶ谷の法廷に出廷出来ない、石原完爾の為出張裁判として証人喚問が行われた。

その時石原完爾は「満州事変の中心は自分である。なぜ私を戦犯として逮捕しないのか不思議である」と発言して、判事や検事を大慌てさせた。

さて、我が国がいまだに自虐的歴史観から抜け出せない、最大の原因とされる東京国際軍事裁判とは一体なんだったのか。

勝てば官軍、敗ければ賊軍か、戦勝国が敗戦国を裁く、裁判という美名を借りた復讐であり、国際法から云っても勝った方が正しく、敗けた方が悪いとは限らず、両方を裁いて当然である。不遡及の原則、法の下の平等を破った裁判で、真珠湾攻撃から始まる太平洋戦争を指す裁判を、関係国の思惑で、満州事変やノモンハン事件まで持ち出して、侵略戦争と決めつけ、裁判の管轄権を大東亜戦争以前に拡大していったことは、事後法をあえてするもので、まことに法律上は不法といえる。

29　終戦後、サンフランシスコ平和条約締結でも悲劇は続いた

フィリピン・ルソン島マニラ郊外の小高い丘の上にある、モンテンルパ戦犯収容所には、多くの日本人戦犯がいた。収容所では明日への希望もなく、死刑を待つばかりの日々である。1951年（昭和26年）1月19日の夕刻から20日未明にかけて、突然14人の死刑が執行された。うち6人は全くの無実であったという。米ソ冷戦の最中、1950年（昭和25年）6月25日、突如朝鮮戦争が勃発していた時であった。当時、国際政治の駆け引きが各地で行われて、フィリピンは日本に対して、対日賠償80億ドル要求などの問題が山積し

ていた。折しも、アメリカのダレス特使が極東訪問中の突然の死刑執行であった。フィリピンの賠償問題に対する事前の牽制であったという。突然行われた処刑の悲劇は、モンテンルパの獄舎に言い知れぬ死への恐怖と不安感、絶望感を与えることになった。

この処刑のニュースは日本国内にも衝撃を与えた。戦時中、藤山一郎、東海林太郎、霧島昇、灰田勝彦、淡谷のり子といった流行歌手たちは、戦地へ従軍慰問の旅に出された。渡辺はま子もその一人である。中国大陸や台湾にも行ったが、いつも軍から待機命令が出されるだけで、行き先は極秘であった。渡辺はま子は、昭和20年8月15日、中国天津で終戦を迎えた。抑留者として収容所生活を送り、苦労の末、故国の土を踏んだあとは、巣鴨プリズンへ慰問するようになった。

1952年（昭和27年）1月になり、巣鴨プリズンへ慰問に行った時、フィリピンの下院議員ピオ・デュランに会った。この時、モンテンルパの死刑囚たちの話を聞かされた。戦後7年も経つのに、死刑囚56人をはじめとして、未だに100名の日本人が獄中生活を強いられていることに衝撃を受けた。渡辺はま子自身も天津で終戦を迎え、収容所生活を経験したことで、異国の地がいかに辛いものか知り尽くしていた。

●あゝモンテンルパの夜は更けて

1952年（昭和27年）5月14日、渡辺はま子のもとに一通の封書が送られてきた。教誨師《きょうかいし》加賀尾秀忍氏からであった。加賀尾は1945年（昭和20年）10月23日、GHQの命令でフィリピンのモンテンルパ・ニュービリビット刑務所に赴いた人物である。現地では死刑囚の処刑に立ち会い、戦犯者の減刑などに献身的に尽くした人であった。送られてきた便箋には五線譜と歌詞が書かれていた。戦犯死刑囚・代田銀太郎の望郷詩と、伊藤正康作曲の楽譜であった。6月20日、須磨書房から「残された人々……比島戦犯死刑囚の手記」が出版された。その中で「モンテンルパの歌」が掲載された。著作権問題など色々あったが、「モンテンルパの歌」は「あゝモンテンルパの夜は更けて」と改題された。レコードは渡辺はま子と宇津美清によってビクターで吹き込まれた。渡辺はま子は出来たレコードと蓄音機を添えて収容所へ送った。レコードを聴いた代田銀太郎と伊藤正康は驚いた。自分達が作った曲を、人気の流行歌手渡辺はま子が楽団の伴奏で歌っているではないか。

フィリピンモンテンルパ刑務所

日本人墓地

一、モンテンルパの　夜は更けて
つのる思いに　やるせない
遠い故郷　しのびつつ
泪《なみだ》に曇る　月影に
優しい母の　夢を見る

二、（略）

三、モンテンルパに　朝が来りゃ
昇る心の　太陽を
胸に抱いて　今日もまた
強く生きよう　倒れまい
日本の土を　踏むまでは

収容所では死刑囚の監房と、無期刑、有期刑の監房を一週間交代で蓄音機を移動させ、「あゝモンテンルパの夜は更けて」が流された。戦犯達はレコードを聴くたびに、故郷に残してきた家族のことを思い、渡辺はま子と宇津美清の歌声に涙がとまらなかったという。渡辺はま子は昭和27年暮れにモンテンルパへと飛んで行った。未だフィリピンとの国交は回復されていなかった。対日感情の悪化と入国査証発給の厳しさが立ちはだかった。特に、戦犯者慰問という理由が引っ掛かり認可が下りなかった。渡辺はま子はフィリピン外務省に電報を打つなどして奔走した。その結果、正式のビザではなかったが通過査証を受け取ることが出来た。１９５２年（昭和27年）12月24日、マニラの地に立った。モンテンルパの空は、輝く満天の星空であったという。

●戦犯達を救った歌──強く生きよう　日本の土を　踏むまでは

乾季のフィリピン、ルソン島・マニラ湾の夜景は当時、世界三大夜景の一つと言われるだけあって本当に美しかった。海に沈む夕日の美しさは例えようがなかった。丁度、クリスマスでマニラ中の教会から鐘が一斉に鳴り響いた。あちらこちらから「きよしこの夜」が流れていた。南国フィリピンでは、真夏のクリスマスとなる。ここではクリスマスを「パスコ」と呼ぶ。

モンテンルパはマニラの郊外で、椰子、マンゴーやブーゲンビリアなどの花が咲き誇る小高い丘にある。フィリピンのタガログ語ではモンテンは小さい、ルパは土地を表す。マニラの北東近郊にモンタルパンという町があり紛らわしいが、ここも小さい土地を表す激戦地であり、今も慰霊に訪れる人は絶えない。モンテンルパは文字通り小さい土地だが小高い丘にあり、戦犯収容所と歌のおかげで一躍有名になってしまった。代田銀太郎、伊藤正康らが収容されていたニュービリビット刑務所は、現在も刑務所として使われている。また、処刑された人々の墓地もこの地に建てられている。

12月12日、受刑者１０８人全員が、渡辺はま子の来所を心待ちにしていた。「歓迎渡辺はま子様」の看板が掲げられていた。

渡辺はま子は和服、洋服、中国服と三度も着替えて歌った。日本の名曲「荒城の月」「浜辺の歌」から始まり、ヒット曲「支那の夜」「蘇州夜曲」と歌っていった。全員が涙を顔いっぱいに流しながら聴き入っていた。渡辺はま子自身、歌いながら何度も咽《むせ》んでつかえた。

三時間ずっと歌い続けた。最後に全員で「あ、モンテンルパの夜は更けて」を合唱した。終わりに全員で「君が代」を歌うことが許された。涙で歌えない者も大勢いたが、その場で起立して歌う姿は、日本を思う者、家族を思う者、国を守るために命をかけて戦った者だけが知る涙であったという。

●戦犯収容所の全員釈放・帰国

1953年（昭和28年）1月10日、ラジオ東京は、この模様を渡辺はま子の戦犯慰問演奏会として録音放送した。これにより、多くの日本人がフィリピン・モンテンルパの戦犯の存在を知った。あらためて、まだ戦争は終わっていないことを知らされたのである。折しも、朝鮮戦争は終盤戦を迎え、日本では朝鮮戦争特需とかで景気上昇にあった。一方、一部週刊誌の誹謗中傷記事では「人気流行歌手による売名行為」などという情けない低次元の理解しかされなかった。

現地では加賀尾教誨師が戦犯釈放の請願に乗り出した。キリノ大統領に請願の折り、「あ、モンテンルパの夜は更けて」のレコードを贈呈した。大統領には、この悲しい曲のいきさつを丁寧に説明した。「日本では家族たちが長い間待っているからよろしく頼みます」とだけ述べて、その場を辞した。キリノ大統領は、加賀尾が跪《ひざまず》き涙を流して助命嘆願するとばかり思っていたが、まったく違い、日本人の真心を教えられたという。キリノ大統領自身、日本兵により妻と子供三人を殺されている。自分自身も日本の憲兵に逮捕監禁された拷問を受けた。だから、日本に対する憎悪は誰よりも深かったはずである。しかし、このメロディーを聴き、それにまつわる秘話を知り、次第に憎悪の感情も薄れていったという。このことがあって減刑運動が成功、昭和28年半ばを過ぎ、突然全員が特赦となった。キリノ大統領は敬虔なカトリック教徒であった。「恨みを持ち続けると幸せにならない。許す」という大英断であった。戦犯の人々は晴れて祖国の土を踏むことが出来たのである。

折しも、朝鮮戦争も休戦協定となり、日本も本格的な戦後復興に向かって進むことになる。渡辺はま子の歌唱力は、政治を動かした歴史的なこととして後世に残ると思う。筆者は、東京九段会館や各地で行われる、日本遺族会の会合や、「草むす屍の会」で渡辺はま子の歌やトークを良く聞いた。モンテンルパ収容所での体験談を聞くたびに涙しない者はいなかった。筆者の母も必ずといってよいほど聴きにいった。フィリピンで戦死した夫の想いが、歌から伝わってきたのだと思う。

30　歴史教科書問題について
——長江デルタ一帯での戦闘による戦死者が、南京大虐殺30万人説にすり替えられた

かつて、歴史教科書をつくる会が出した教科書を巡り紛糾した。自虐的歴史観から抜け出し、戦後の歪められた教育を良くしようと願ってのことだったが、中国、韓国などからの反発にあって後退してしまった。主な内容は、侵略戦争、南京大虐殺、従軍慰安婦、強制連行・徴用工等の記述にある。何故、真実を記述出

来ずに相変わらずになってしまったのか、何故、こんな事態になってしまったのか、改めて考え直してみる必要がある。

「侵略」については、「侵攻」等として問題になった。先に記述したように、マッカーサーも「セキュリティ」と発言し、「自存自衛の為で、侵略戦争ではなかった」、と言っている。

インドのパール判事は「侵略戦争の謀議などなかった」、として日本の無罪を主張している。その他、世界の識者多数が日本の侵略戦争を否定している。むしろアメリカの法律学者プライスは、「アメリカに責任があり、戦後、千島・樺太を譲ることを条件に、日本攻撃をソ連に依頼し、共同謀議やソ連兵の訓練、軍艦の貸与までした侵略者であるとしている。当の中国では、毛沢東も鄧小平も、「日本は謝ることはない、日本は中国を助けた」と、毛沢東思想万歳や中国との友好交流20年の感想でも述べているとされる。それは、30年代の国共内戦で国民党に圧倒されていた共産党が、36年に軍閥張学良が国民党の蒋介石を監禁、国共合作を迫った、いわゆる西安事変を機会に盛り返して全土を掌握出来た。近代中国に最大の傷跡を残したのは、むしろソ連で不平等条約を共用され、領土を奪われた。

１９７２年（昭和47年）、日中国交正常化で訪中した、当時の田中角栄首相が侵略を謝罪したところ、毛沢東は「謝る必要はない、あなた方は我々を助けた」と発言したことは記憶に新しい。また、社会党委員長佐々木更三氏の訪中団も、毛沢東に謝罪したところ、「何を謝るんですか、あなた方が戦争をしてくれたおかげで、我々は天下を取れた、何も謝ることはありません」と言われている。よもやこれらのことを政治家や同行関係者は、忘れたとは言えまい。社会党の村山富市首相が東南アジアを歴訪した時にも、相も変らぬ謝罪外交を展開したところ、マレーシアのマハティール首相に強く窘《たしな》められた。その他、カンボジアのシアヌーク殿下、スリランカのジャヤワルデネ大統領、タイのソムアン、ミヤンマーのタキン・バセイン副総理、インドネシアのハラハップ首相、それにスカルノ大統領各氏は、「賠償は植民地国の欧米がアジア・アフリカに支払うべきものであって、賠償や謝罪は日本がすべきものではない。アジア・アフリカは日本に敢闘賞を贈るべき」と、このような主張をしたことは記憶に新しい。この頃の情勢は友好的なようにも見える。実際には言葉を「侵略」でなく「侵攻」にしたところで、相手の国へ行って戦争をしたのだから、良いわけがないし、従軍慰安婦の問題も多少あったことも事実である。強制連行も徴用工だと表現する向きもあるが、多少強制的な面もあったし、自ら進んで聖戦と理解して参加した人もいたのは事実である。重慶においては陸鷲（陸軍航空隊）による、爆撃により一般人にも犠牲者を出したことも事実で、写真が物語っている。

やはり、大きな争点は「30万人南京大虐殺」であろう。いくら南京大虐殺はなかったと反論しても、逆効果になってきた感がする。全然無かったわけではなく、そこは戦場で南京城入城の写真や資料も残されている。

中国の歴史教科書～小学校教科書～（南京大虐殺）の記述は以下のとおりと言われる。

「日本軍は南京を占領すると、なんと公然と5週間にもわたる、血なまぐさい大虐殺を行った。日本侵略軍は中国の兵士と民衆を縛りあげ、機銃掃射し、生き埋めにさえし、さらに南京城内で人を殺して楽しみ、殺人競争を行った。南京大虐殺では30万余人の中国人民が無残に殺戮された、日本侵略軍は、中国で極悪非道の罪を犯した」としている。そして南京の青年を惨殺する写真を掲載している。

この記述が事実に反することや、写真が合成写真であることも、すでに多くの人によって証明されている。ここではあえて多くを記述しないが、年数を経ていろいろな資料や外交文書が公開されてくるに従い、真実が見えてくるのも、また歴史なのである。

２００２年（平成14年）12月22日付、埼玉新聞によると、当時の英紙記者が「長江（揚子江）デルタで市民30万人以上が虐殺された。」と、上海から打電しようとしたが、日本人検閲官に差し止められたのであり、すでにこのコピーは共同通信が入手しているとされる。

中国は南京で30万人というが、日本では数千人などと諸説あり、政治的な思惑もあってトラブルは今日まで続いている。だが、地図を拡げてみれば判る。南京城は首都だが面積は狭い、中華門から悒江門という揚子江に出る門が幹線道路、南北に歩いて一時間程度、東京都世田谷区と同程度の面積で、30万人の中国人と日本軍が戦闘を繰り広げる余地がないことは明白である。電報は38年1月16日付、書いたのは英マンチェスター・ガーディアン（現ガーディアン）紙の中国特派員ハロルド・ティンパリー記者（54年死去）。電報のコピーは、英中部マンチェスター大学のジョン・ライランズ図書館書庫に保管されていた。誤った南京大虐殺30万人説は、この電報内容を当時の日本当局が国際非難に備えるよう、在外公館に伝えた際「長江デルタで」の部分が脱落、以後謝って引用され続けたのである。38年ロンドンでは、この電報をもとにした出版物が出され、長江デルタで「戦闘によって少なくとも30万人の中国人が犠牲になった」と書かれている。要するに、中国のあの辺り一帯での戦争による戦死者数であり、南京大虐殺ではなかったのである。しかし、南京大虐殺はなかったものの、多くの中国人が犠牲になったことは事実である。

このような真実の証拠を丁寧に積み重ね、史実の歪曲と反日感情の政治的利用に屈することなく、自虐的歴史観から抜け出し、未来へ向けて友好的かつ主権国家としての外交努力を続けていかなければならない。中国でもようやく行き過ぎた反日政策を反省する動きもあるようだが、道のりは遠い。

31　地図が証言「大東京戦災焼失区域」――阪神淡路大震災地図作りにも生かされる

1945年（昭和20年）8月15日に終戦となった。しかし、正式な終戦日は9月2日、東京湾の戦艦ミズーリ号上での降伏文書に調印し、ポツダム宣言を正式に受け入れた日が世界の常識である。戦後、東京市の多くが廃墟となったが、半年を経ずして発行された一枚の東京焼失地図「戦災焼失区域表示・帝都近傍図」がある。

日本地図株式会社（後に日地出版株式会社と改称）の発行である。当時の社長植野録夫氏の言をそのまま引用すると、

――「帝都」東京が一体どの位戦災を受けているのか。それをはっきりさせることは当時の東京の混乱を収拾し、復員者や疎開者の不安を解消するためにも必要なことであった。しかし、いざ作業を始めてみると、どこがどれだけやられ、どこが焼け残っているか、皆目

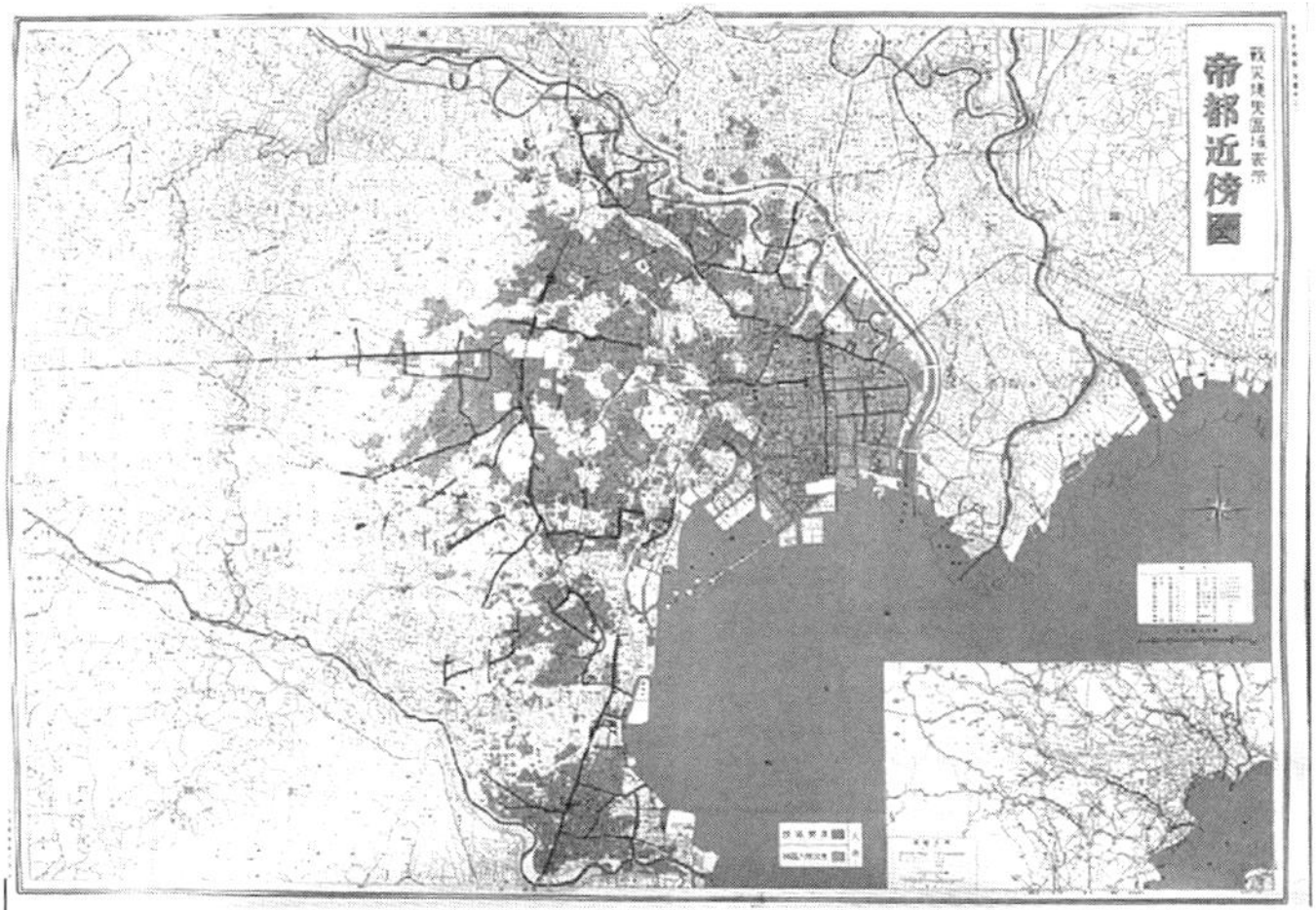

大東京戦災焼失区域図　帝都近傍図
第一次復員省資料編　157シート　終戦後4か月で作り上げた

戦災焼失区域表示　東京都 35 区　区分地図帖

戦災焼失区域表示　東京都 35 区　区分地図帖　浅草区・下谷区

戦災焼失区域表示　東京都 35 区　区分地図帖　本所区・向島区

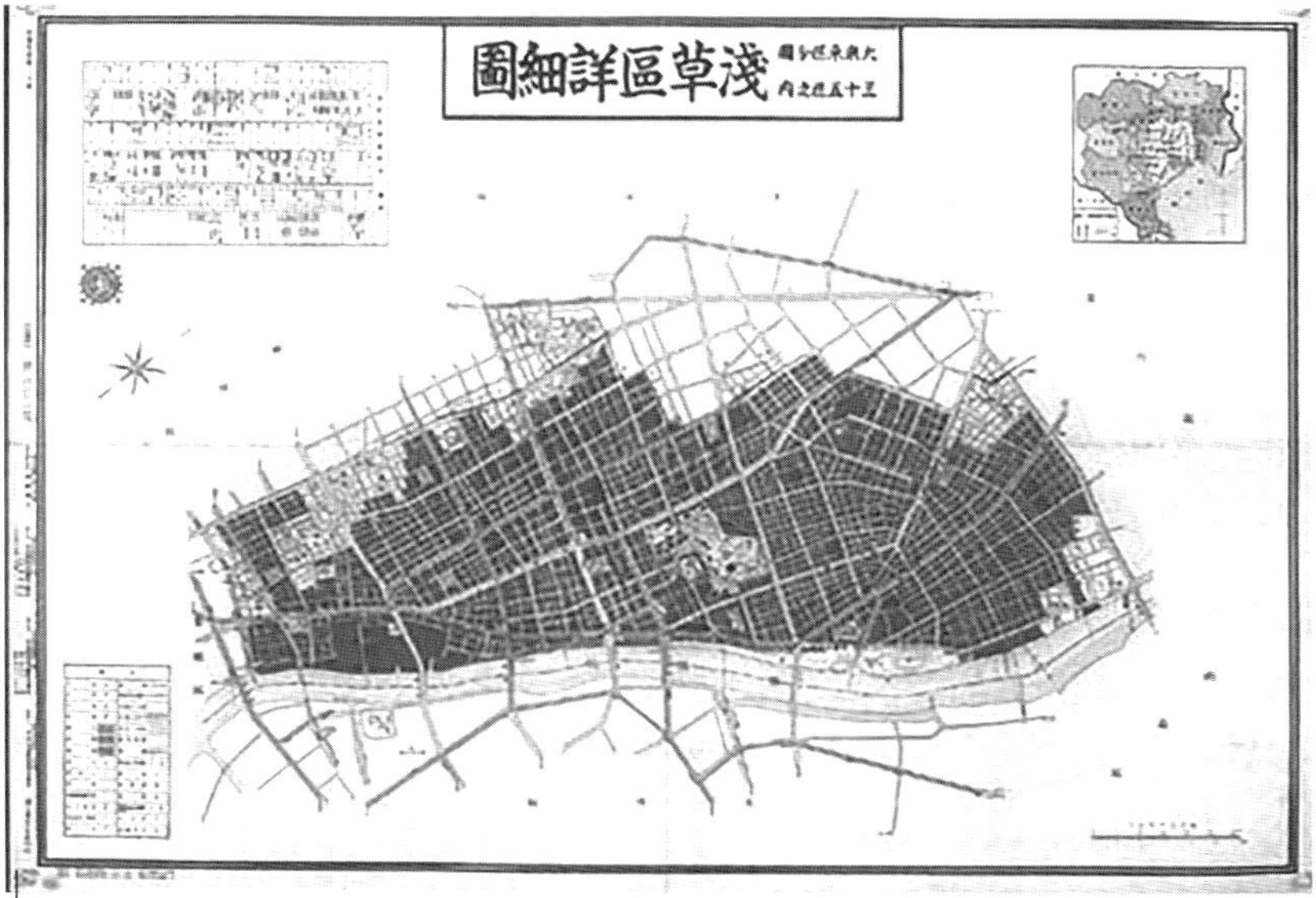

東京大空襲焼失図　浅草区

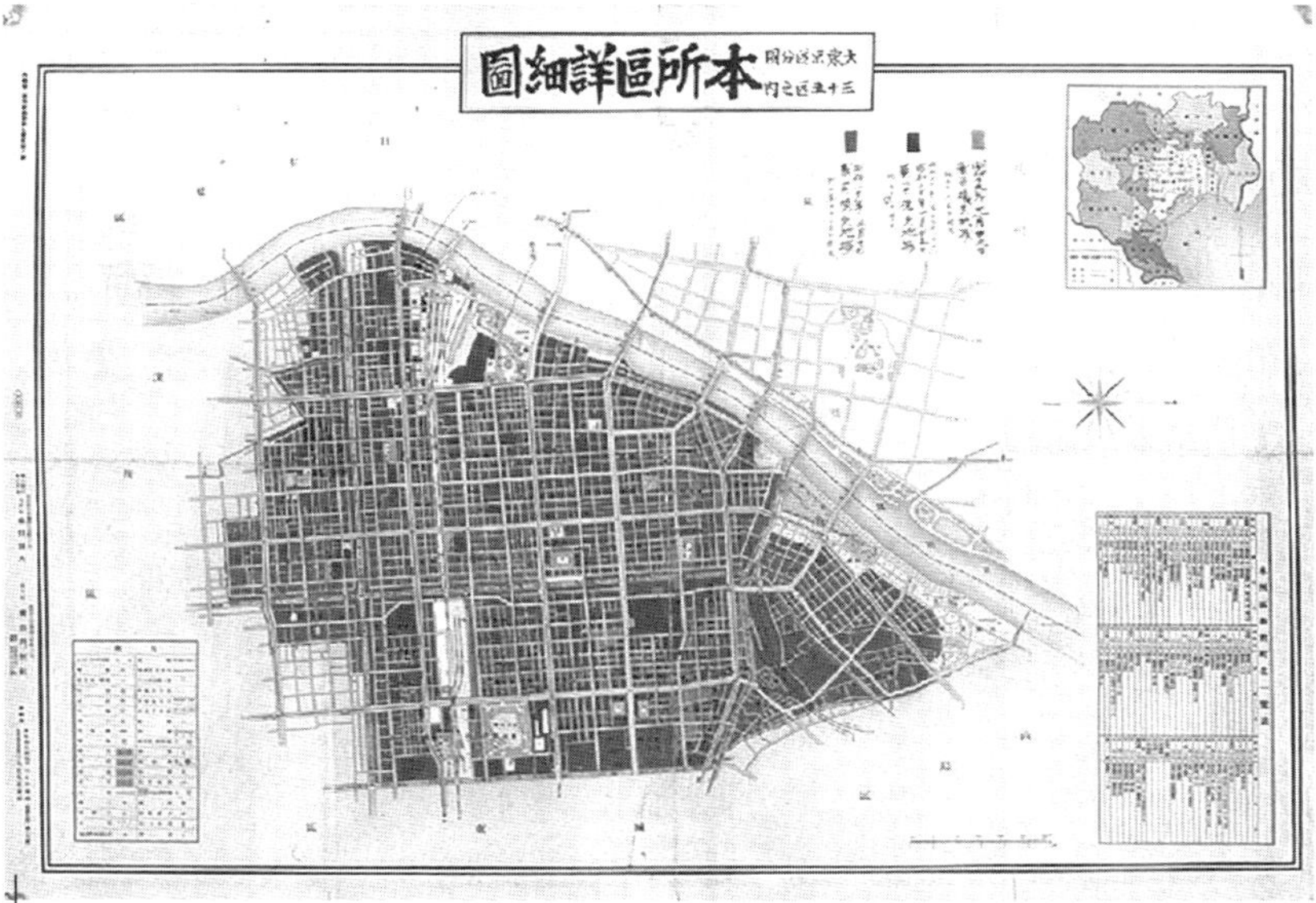

東京大空襲焼失図　本所区

見当もつかなかったが、焼失図出版の意味と地図出版社の使命感が私どもを奮い立たせ、十月頃から現地調査にとりかかった。調査の指揮をとったのは地図部員林崎祝氏であった。氏は毎日地下足袋をはき、まだ満足な交通機関もなく、食べるものもなく戦災の余燼くすぶる東京の廃墟の中を歩き続けた。二ケ月にわたってこうした調査を続け、昭和二十年も押し迫った十二月に、まず、「帝都戦災焼失図」一枚物を完成。さらに、区分別の詳密調査をし直して約9ケ月、のべ十二ケ月もかかってようやく、「戦災焼失区域表示・東京都35区、区分地図帖」が完成した（後略）。

１９４６年（昭和21年）9月25日発行・コンサイス版。終戦後すぐ、手弁当と地下足袋で焼土を調査し、３ヶ月で作り上げた日本唯一の戦災焼失図である。この地図には約70数年前の東京市と全滅に近い都心部の状況が描かれた。このベースとなった現地調査の地図は、調査員が画板を首にかけ、区分図（区ごとの地図）を赤く塗り潰していったものである。

戦後、節目〳〵には復刻されてきた。後に名古屋と大阪戦災焼失地図も発行された。また、この現地調査の精神は、「阪神淡路大震災地図」にも生かされる。１９９５年（平成7年）1月17日、阪神淡路大震災が発生した。丁度、終戦五十周年記念として「大東京戦災焼失地図」の出版準備に取り掛かった時である。日地出版株式会社は、震災発生後一週間目から調査を開始した。大阪支店の社員が中心となり、長靴を履き画板を首から掛けて、被災した瓦礫の中を歩いた。延べ人数３２０人が汗と誇りにまみれて記録したものである。焼失区域、全壊、半壊区域、崩壊個所、液状化現象地域、橋脚損傷、高速道路橋桁落下、土砂崩れ、などが色別に掲載されている。調査開始から僅か40日間で作製、同年5月に出版した。二つとも社会史・地図史に残る地図といえよう。

１９８５年（昭和60年）３月10日、東京大空襲四十周年記念出版が行われた。「東京空襲を記録する会」の早乙女勝元氏が、日地出版株式会社の資料室から原本を発見して出版した。

原本よりも１・４１倍に拡大し、戦災時の写真なども掲載した。さらに、平成７年には、終戦五十周年記念として「大東京戦災焼失地図」が復刻出版されたのである。この地図を見ると、いかに東京大空襲が未曾有の戦災であったかが判る。と同時に、当時の町名、境界、地番が判り、明治・大正の文学に登場する懐かしい地名に接することが出来る。まさに歴史地図帖であり、歴史の証人である。筆者は、まもなく戦後75周年を迎えるにあたり、戦争のいきさつ、父親の戦死、東京大空襲の体験を伝える最後の世代として、所蔵している地図の原版、原本、資料を公開し、伝承することにした。あと10年もすれば筆者と同年代の多くは世を去るか、執筆や語り継ぎが不可能な年令となる。語り継ぎをしなければ、おそらく戦後80年とか戦後90年という感覚はなくなるのではないだろうか。

◆コラム◆◆◆

戦艦ミズーリ号上での降伏文書は日本の手漉き「白石和紙」

１９４５年（昭和20年）９月２日、東京湾の戦艦ミズーリ号上で降伏文書に調印し、ポツダム宣言を正式に受け入れた。調印には、日本政府代表として外務大臣重光葵《まもる》と大本営軍部代表として大日本帝国陸軍参謀総長梅津美治郎の二人が署名した（署名は万年筆で、毛筆ではない）。

この時、私用されたのが日本の手漉き和紙で、「宮城県白石市の白石和紙」で、ペン字でも滲まない雁皮紙である。

終戦の2年前（昭和18年）、宮内庁の役人が、故遠藤忠雄氏を訪ねて来た。重要記録用紙50枚、縦1ｍ、横63㎝、二号の厚手和紙という注文であった。

この時のエピソードを夫人のまし子さんが語ってくれた。

「何に使うのか説明はなく、こちらも詳しくは聞かなかった。ただ、重要なことに使うのだとだけ言っていた」

「終戦後しばらくして、降伏文書のことを知った。ああ、あの時に漉いて納めた紙だと主人が言った」

和紙の里探訪記執筆の為に取材で訪れた際の話である。口碑、伝承なので確たる証拠はないが、調べれば宮内庁に当時の発注書や支払いの物証もあるであろう。

たまたま視聴した某テレビ局の放映では、マッカーサーからの注文だとしていたが、これは明らかに違う。いずれにしろ敗戦を予想して手漉き和紙が調達されていたなら、知らぬは国民だけの哀しいことである。（白石和紙については拙書「和紙の里探訪記・草思社」をご一読願いたい）

32 「全国主要都市戦災概況圖」が語る日本列島の空襲被害

我が国地図史に於ける、最もつらい出来事といえば、全国の戦災焼失図作りであろう。1945年（昭和20年）8月15日終戦、8月31日陸地測量部解体、9月2日ミズーリ号上での降伏文書調印、9月13日大本営廃止、11月30日参謀本部廃止、12月1日陸軍・海軍省廃止。このようなスケジュールで軍事国家の組織は解体されていった。陸軍・海軍省廃止後直ちに、陸軍は第一復員省、海軍は第二復員省として設置された。この新しい組織で終戦処理業務の他、明治初期からの、陸軍・海軍の諸業務清算を行うこととなった。

第一復員省では、「全国主要都市戦災概況圖」を、8月から僅か4か月で作製した。地形図を利用したり、活版、筆耕版に至るまで、ありとあらゆる工夫をしながら不眠不休の作業で作り上げた。前向きで楽しい地図作りなら良いのだが、焦土と化した全国の都市焼失状況を、地図上に表わす作業がどれほど辛い思いでなされたのか。では何故急がなければならなかったのか。それは、疎開先から帰郷する人のため、外地からの復員、引揚者のために必要だったからである。シベリア、満洲、中国、朝鮮、タイ、ベトナム、それにフィリピンなどの東南アジア諸国からの兵隊や邦人の帰国に当って、故郷の状況を説明するのに使われた。自分の家や親類の家が焼失区域に入っているのか、家族は無事なのか、説明するために地図が必要だった。

第一復員省のメンバーは、全国の主要都市戦災焼失区域をどうやって調査したのであろうか。勿論、広島、長崎の地図も同様である。編集、製図、製版、印刷に当ったスタッフの苦労はいかばかりだったか。因みに、全国の戦災被害状況は、総数226万8千戸、死傷者50万6千人にのぼっている。この地図は全国の主要都市約１６２都市を網羅して作られた。その後、第一復員省は引揚擁護局となり、戦後しばらくの間外地から引き揚げる人の対応に当った。

「全国主要都市戦災概況図」に掲載された主要都市リストを見ると、青森、八戸のほか、北海道でも函館、室蘭、釧路、旭川、小樽、帯広などが空襲を受けていることが判る。

北海道の空襲は１９４５年（昭和20年）７月14日、15日の両日である。本州、四国、九州、沖縄の空襲は、アメリカ空軍がマリアナ諸

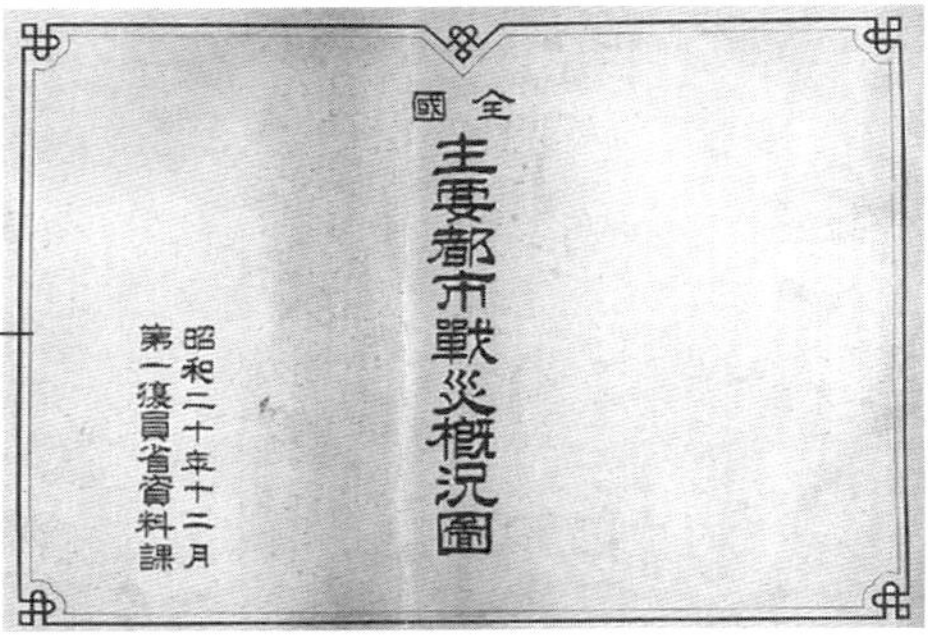

全国主要都市焼失区域図

附圖目録

番號	1	2	3	4	5	6	7	8	9	10	11	12	13	14	15	16	17	18	19	20	21	22	23	24	25	26	27
市名	函館	室蘭	釧路	旭川	小樽	帯廣	青森	八戸	秋田	盛岡	宮古	釜石	仙臺	石巻	塩竈	酒田	平	郡山	新潟	長岡	栃木	足利	宇都宮	伊勢崎	高崎	前橋	桐生

番號	28	29	30	31	32	33	34	35	36	37	38	39	40	41	42	43	44	45	46	47	48	49	50	51	52	53	54
市名	日立	水戸	館山	土浦	船橋	木更津	松戸	千葉	銚子	市川	大宮	川口	浦和	川越	熊谷	東京	立川	横濱	川崎	横須賀	平塚	小田原	藤澤	鎌倉	甲府	長野	上田

番號	55	56	57	58	59	60	61	62	63	64	65	66	67	68	69	70	71	72	73	74	75	76	77	78	79	80	81
市名	静岡	沼津	清水	濱松	大津	彦根	長濱	岐阜	大垣	瀬戸	春日井	豊橋	一宮	豊川	半田	岡崎	名古屋	富山	高岡	福井	敦賀	宇治山田	松阪	桑名	津	鈴鹿	四日市

番號	82	83	84	85	86	87	88	89	90	91	92	93	94	95	96	97	98	99	100	101	102	103	104	105	106	107	108
市名	上野	奈良	舞鶴	京都	大阪	堺	岸和田	豊中	池田	吹田	布施	高槻	泉大津	田邊	海南	和歌山	新宮	尼崎	神戸	飾磨	相生	明石	蘆屋	姫路	伊丹	西宮	米子

番號	109	110	111	112	113	114	115	116	117	118	119	120	121	122	123	124	125-1	125-2	125-3	125-4	125-5	125-6	126	127	128	129	130
市名	濱田	玉野	岡山	廣島	呉	福山	尾道	下關	宇部	德山	岩國	下松	光	小野田	防府	山口	松山	宇和島	今治	新居濱	西條	八幡濱	高松	德島	高知	福岡	門司

番號	131	132	133	134	135	136	137	138	139	140	141	142	143	144	145	146	147	148	149	150	151	152	153	154	155	156	157
市名	小倉	八幡	戸畑	若松	久留米	大牟田	大分	別府	佐伯	中津	日田	佐賀	熊本	荒尾	八代	人吉	延岡	都城	長崎	佐世保	大村	諫早	島原	宮崎	鹿児島	鹿屋	川内

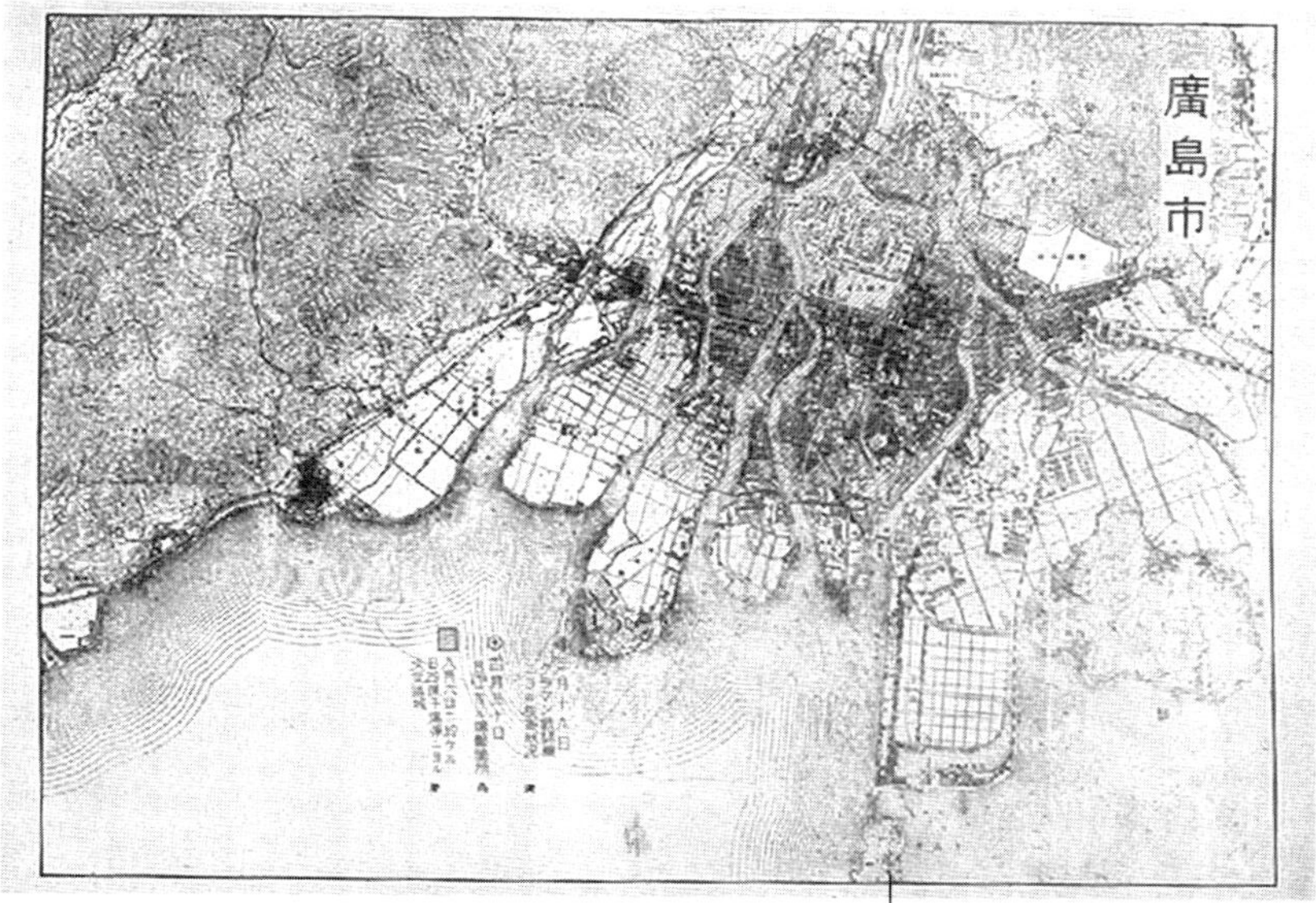

広島市原爆焼失図

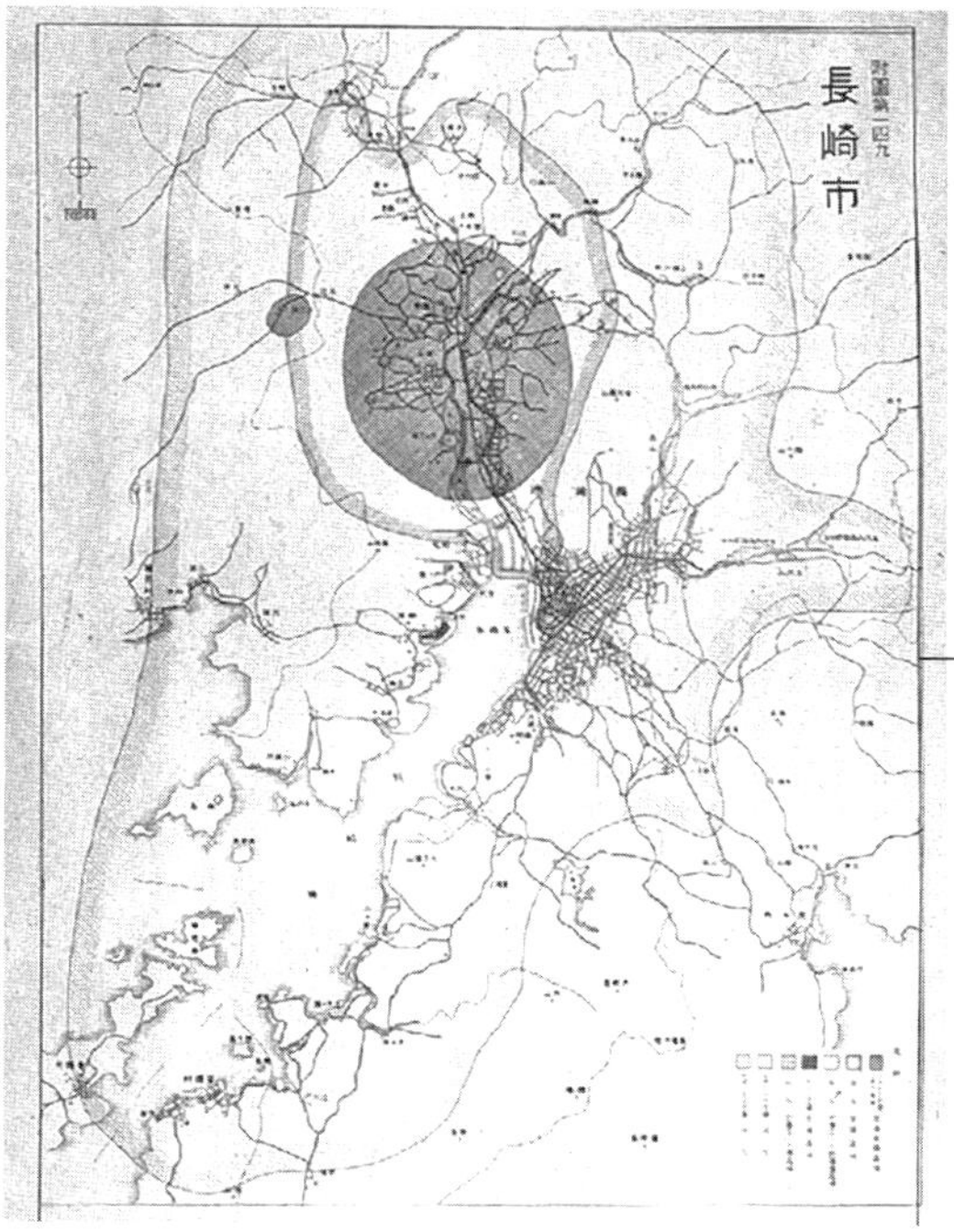

長崎市原爆焼失図

島の基地を飛び立ってのものだった。それに対し、北海道への空襲は航続距離などの問題もあり、青森県沖の太平洋上に浮かぶアメリカ海軍の航空母艦13艦から、述べ３０００機以上の艦載機を発進させての爆撃であった。

また、沖縄も（当リストにはないが）、昭和20年3月の沖縄戦5か月まえに空襲をうけている。沖縄戦前年の10月10日、アメリカ海軍機動部隊が南西諸島の広い範囲に空襲を行ない、沖縄は民間人を含む６００人以上の命が奪われた。これは十《じゅう》・十《じゅう》空襲と呼ばれ、特に那覇市は空襲によって90％が焼失した。

南から北まで、日本各地が焼け野原となったことを、これらの地図は物語る。

博多、舞鶴、新潟などへ復員船が着くと、郷里へ帰ったときに自分の家や親戚の家が焼失し、不明な場合に備えられた。様々な思いを込めて作ったと思われ、作業がいかに大変であったか想像がつく。全国の焼失区域、戦後物資のない中、地形図のある市はともかく、無い市は手描きで筆耕版をつくり、それぞれの地域で思い思いの描き方で作製している。敗戦に打ちひしがれている中、僅か4か月という短期間に、良くこれだけのものを作り上げたものである。当時、夜を徹しての作業を想像すると、編集、製図、製版、印刷などの方々の苦労が察せられる。この１６２都市の焼失図を一枚の日本地図に置き換えて眺めると、空襲のラインが見えてくる。米軍の空襲場所も地形の理屈にあっていて、ここでも戦争で地図を得ることが重要だということが理解出来る。

●空襲を受けなかったイギリス大使館と現在の姿——米軍の事前空中撮影により焼夷弾投下回避か

１９４４年（昭和19年）12月13日、宮城（現皇居）全域と周辺が撮影されている。宮殿やお堀の外、近衛師団、参謀本部、陸軍省、江戸城本丸跡等の高射砲陣地も克明に撮影されている。その中に、ひと際はっきりと写っているのがイギリス大使館である。

イギリス大使館は半蔵門から半蔵濠に沿った千鳥ヶ淵公園と内堀通りに面し、約３００m、巾１００mもある、１０８３３坪の敷地に建つ。また、１９４５年（昭和20年）２月27日にも撮影されている。これは、２月25日の降雪の中、２００機を超えるＢ29が飛来、焼夷弾で空襲した。この時、宮城周辺は空襲せず、主に上野、御徒町、秋葉原等で現在のアメ横などが全焼している。当然、東京市全域や主要都市、軍需工場・施設等が空襲されている。この後、3月10日に東京大空襲が行われ、以後順次空襲が行われていく。

イギリス大使館と現在の姿

5月25日、宮殿をはじめ周辺地区が攻撃された。しかし、何故かイギリス大使館だけは攻撃されず、戦前のまゝの姿で今日まで残っている。英米の関係で焼夷弾をイギリス大使館へは落とさないということだったとしか考えられない。

何故、イギリス大使館が宮城を見下ろせる一等地に、1万坪からの広大な土地が与えられたのか。詳細については、江戸安政から明治維新の薩・長・土による尊皇攘夷話になるので、別の機会に譲ることにする。簡略に記すと、西郷隆盛、大久保利通、木戸孝允、坂本龍馬等による西軍は、長崎のトーマス・グラバー邸二階の隠し部屋でイギリスとの密会を重ね、マストの軍艦、大砲、鉄砲等の武器を調達する為に、借金をしたことに起因する。明治維新後の清算で一等地を永久貸与として与えられた。

明治維新となり多くの大名が各々の藩に戻り、大名上屋敷が空になった。１８７２年（明治5年）5月、七戸藩、櫛羅藩、七日市藩の各上屋敷、旗本水野兵屋敷跡の計１２３０６坪を得た。１８８４年（明治17年）に本契約を結び、１０８３３坪で永久貸与となる。

１９２３年（大正12年）9月、関東大震災で倒壊した。１９２９年（昭和4年）、イギリス工務店の設計で現在の建物となる。大東亜戦争の時、日・英国交断絶となり閉鎖した。

戦後、１９５２年（昭和27年）4月28日、サンフランシスコ講和条約、日・英国交回復で大使館に復帰。

１９８７年（昭和62年）、新館増築で今日に至っている。

江戸古地図集の内、明治2年東京全図（吉田文三郎出版・官版）を見ると、まだ「御城」であり、「宮城」とはなっていない。この時代の風景を残しているのは、イギリス大使館と内堀通り、千鳥ヶ淵公園、半蔵濠と云えよう。

◆コラム◆◆◆

西遊記の玄奘三蔵法師日本へ分骨

１３００年前６６９年に西安の南方20㎞興教寺に葬られた。

昭和17年12月、日本軍が南京を占領、稲荷神社建立の為、小高い丘を整地した所、土の中から石棺が出た。駐屯していた高森部隊長の指揮で専門家に依頼して調査した所、玄奘三蔵の霊骨と副葬品であることが判明。

中国政府は南京郊外の玄武山上に五重塔を建設。昭和19年10月10日、日本からは重光葵《まもる》大使が出席、この時分骨が日本仏教会倉持秀峰会長（第30世三学院住職）に贈られた。

日本では芝の増上寺に預けられたが、東京の空襲で危険になったので、一時埼玉県蕨市の三学院の金亀舎利塔内水晶の壺の中に安置された。仏縁により遠く台湾の景勝地、台中日月潭玄奘寺に三学院第30世住職倉持秀峰の分骨と共に奉安されている。そして昭和25年3月20日、埼玉県岩槻市の慈恩寺、日本玄奘三蔵霊骨塔に更に分骨安置された。

大雁塔霊骨塔は13重15mに及ぶ石組。

蕨市の三学院本堂

玄奘三蔵の分骨がある
金亀舎利塔

33　戦災が残した「戦争孤児」

――鐘の鳴る丘　菊田一夫作　NHKラジオドラマ（790回）

1947年（昭和22年）7月5日〜1950年（昭和25年）12月29日

●主題歌「とんがり帽子」――菊田一夫作詞　古関裕而作曲　歌 川田正子ゆりかご会

大正時代に「有明温泉」として賑わった温泉旅館の同じ場所に、戦後の1946年（昭和21年）、鉄筋の有明高原寮という青少年更生施設を建設、親を失った児童達を受け入れた。

1980年（昭和55年）、取り壊しに際し旧穂高町が譲り受けて、約600m離れた松尾寺の北側に時計台つきの旧建物を移築した。

2008年（平成20年）10月29日、安曇野市穂高の有形文化財に指定された。

毎日、10時、12時、15時になると「とんがり帽子」のメロディーが流される。

当時の子供たちは外で遊んでいても、5時15分、「とんがり帽子」のメロディーが流れてくると、ラジオにかじりついてドラマを聞き、我が身と重ね合わせていたものである。

鐘の鳴る丘

これらの子供たちは現在80歳前後となっている。学童疎開で東京へ帰ったら親を亡くして途方に暮れ、折角生き残った子供たちも多くは親を亡くし、浮浪児となった。

代表的なのは上野駅のガード下、地下道などに寝泊まりして、シューシャンボーイ（靴磨き）や、ギブミーチョコなどと言い、物乞い、スリやカッパライなどで生活していた。

当時、戦争孤児は12万人いると言われ、「戦争孤児は誰が作ったのか？」と、むしろ進駐軍からの問いかけがあった。こうした背景からこのドラマと歌が生まれたのである。

一、緑の丘の赤い屋根
とんがり帽子の時計台
鐘が鳴ります　キンコンカン
メイメイ子山羊も　啼いてます
風がそよそよ　丘の家
黄色いお窓は　俺の家よ

●リンゴの歌――サトーハチロー作詞　万城目正作曲　歌 並木路子

青森県五所川原市が舞台で戦時中の作詞である。「戦時下にはあまりにも軟弱すぎる」という理由で検閲不許可となった。

終戦後、１９４６年（昭和21年）になって日の目を見る。

戦後復興期の象徴として注目され、戦後ヒット曲の第一号となる。

2007年（平成19年）、日本の歌百選に選出された。

並木路子のエピソード

大正10年9月30日、浅草で生まれた。関東大震災も経験した生粋の下町っ子である。

昭和11年に松竹歌劇団に合格して歌手を目指す。

昭和20年3月9日、立川基地航空隊へ慰問に出かけた。

父親は南方のパラオで戦死、兄も戦死、恋人も神風特攻隊で玉砕。

3月10日、東京大空襲で逃げる途中、母親と一緒に隅田川に飛び込んだが、溺れているところを引き上げられた。母親とは数日後、芝増上寺で悲しい対面、文字通りの一人きりになった。悲しみに明け暮れる暇もなく翌月には中国へ軍の慰問に派遣された。

7月、やっと東京に帰ってきたが全てが焼け野原であつた。そして終戦を迎えた。

リンゴの歌を渡された時、「私はこのような明るい歌は歌えない」と断ったが、万城目正さんが「悲しいのは貴女だけではない、だから世の中を明るくするために歌ってくれ」と言われた。並木路子の歌を聞いて、美空ひばりなどが真似をして歌ったり、刺激を受けた歌手が出てくるが、並木路子は紅白歌合戦にも一度も出ず、悲劇の歌手だがそんなことはおくびにも出さずに明るく歌い続けた。

一、　赤いリンゴに　唇よせて
だまってみている　青い空
リンゴはなんにも　いわないけれど
リンゴの気持は　よくわかる
リンゴ可愛や　可愛やリンゴ

34 地震150年サイクル

地震は一定の時期に発生するという特徴がある。静穏期と活動期は一世紀ごとに繰り返している。現在21世紀の活動期に入ったとされるが、古の我が国はどうだったのか。

9世紀に貞観大地震と富士山の大噴火が起こり、大地震が増加していた記録が残っている。一応、中央集権体制が整い、情報収集と記録が進んだからと言える。

それ以前、8世紀までの記録に残る大地震といえば、

一、416年（允恭5年）8月22日、允恭地震は大和国（現奈良県明日香村）で、日本書紀に残る日本史上最初の大地震とされる。

二、599年（推古7年）5月26日、推古地震は大和国（現奈良県）で発生、日本書紀に家屋倒壊とあり、

記録に残る日本最初の大地震である。

三、684年（天武12年）11月26日10時頃、白鳳の大地震が発生。土佐国清水黒田郷など田園12㎢が水没、現大分県龍神地などへも大津波。南海トラフ連動型説で東海・東南海地震も発生、日本最古の津波記録として日本書紀に記されている。また、当日に伊豆大島で火山噴火、5か月後には浅間山、焼岳が噴火と記録されている。

四、764年（天平宝字6年）6月5日、美濃・岐阜・信濃地震発生と日本書紀に記録され、糸魚川静岡構造線活断層系の大地震とされる。

以降、現在取り沙汰されている、日本列島を取り巻くプレートや多くの活断層型地震と大津波、火山噴火が繰り返されてきた。

本書では、幕末から明治維新を迎え、欧米に追い付け追い越せと、大東亜共栄圏構想のもと東南アジア、太平洋に出て行く一方、国家総動員により富国強兵と近代日本建設に邁進していた時期の記述である。

35　大地震と歴史的事件は交互に発生している
――戦災と災害の二重苦に苦しんだ近代日本建設

1707年の宝永大地震を挟み、多くの余震と富士山噴火の発生により、安土桃山時代から江戸時代にかけ混乱を引きずることとなる。一時、栄耀栄華を誇った元禄太平期も終わり、1854年の安政地震、翌年の江戸地震から10年後、江戸幕府が倒れ明治維新を迎える。

地震活動としては、19世紀後半の活動期であった。情報網の発達していない時代、かつ戦時中の報道管制時代に、富国強兵、国土強靭化、軍需産業優先の一方で、大災害による復興も余儀なくされた。現在のように、日本列島何処でも発生したら、災害救助法が発令され自衛隊をはじめ、警察、消防、各自治体をはじめ、民間ボランティアなどが駆けつけて救助・復興にあたる。しかし、当時は被災地が懸命に救助・復興に当らねばならなかった。というのも、むしろ報道管制により何処で大地震や大津波が発生して大変である、などは伏せていた。実際には、大災害と歴史的事件、戦争が交互に発生し、二重苦、三重苦の時期であった。

36　19世紀後半の活動期における記録（Mは全て推定値）

1853年（嘉永6年）

1854年（安政元年）

3月11日　嘉永小田原大地震、M6・7　死者100人

7月9日　伊賀上野大和大地震、M7・5　死者1800人

12月23日　安政東海・東南海地震、M8・4　死者2〜3000人

房総半島から四国に津波被害、特に伊豆から熊野に被害

ロシアディアナ号（プチャーチン提督日露通商交渉）沈没

12月24日　安政南海地震、M8・4　死者1〜3000人

紀伊、土佐などで津波被害、串本11m、大阪湾で川に逆流、道後温泉湧出が数か月とまる
安政の東海・南海地震は32時間の時間差で発生、死者合計3万人と言われ、余震は2979回

12月26日　豊予海峡地震、M7・5

1855年（安政2年）

3月18日　飛騨地震、M6・9　死者203人以上
9月13日　陸前地震、M7・3
11月7日　遠州灘地震、M7・5　津波被害
11月11日　安政江戸大地震、M7・1　東京湾北部内陸直下型、江戸川河口死者4万人。

1856年（安政3年）

8月23日　八戸地震、M8　山陸から北海道津波被害、死者29人
8月　安政の台風・西日本から東日本で被害

1857年（安政4年）

10月12日　伊予・安芸地震、M7・5　今治城損壊死者5人

1858年（安政5年）

4月9日　飛越地震、M7・5　直後死者数百人、後日常願寺川決壊死者140人
7月8日　東北地方太平洋側地震、M7・5
五か国と修好通商条約締結　安政の大獄　コレラ発生

1861年（文久元年）

2月14日　文久西尾地震（愛知県西尾市）

1864年（元治元年）	10月21日	宮城県沖地震、M7・2　津波被害、家屋倒壊、死者多数
1866年（慶応2年）	7月	京都禁門の変、京都の大火
		寅年の大洪水、四国、近畿、関東、東北
1872年（明治5年）	3月4日	浜田地震（島根県日本海沿岸）、M7・3死者552人
		秋、小笠原諸島近海地震、父島二見湾の津波3m
1877年（明治10年）		西南戦争
1880年（明治13年）	2月22日	横浜地震、M6、煙突多数倒壊
		現在の地震学会、世界初の地震学会が設立されるきっかけとなった
1881年（明治14年）	10月25日	国後島地震、M7　津軽でも地震
1885年（明治18年）		地震観測網整備される。観測所によって地震報告を開始
1889年（明治22年）	7月28日	熊本地震、M6・3　死者20人
1891年（明治24年）	10月28日	濃尾地震（根尾谷断層80㎞縦6m横2m）京都・大阪から静岡・神奈川、長野、福井はじめ15県、死者7273人、負傷17176人、家屋損壊24万戸　内陸活断層型地震では歴史上前例のない大地震
1892年（明治25年）	12月9日	石川地震、M6・4　津波被害
1893年（明治26年）	6月4日	色丹島沖地震、M7・7　津波3m
1894年（明治27年）	3月22日	根室半島沖地震、M7・9北海道、東北津波被害
	6月20日	明治東京地震、M7　死者31人

1895年(明治28年) 10月22日 庄内大地震、M7 死者726人
日清戦争（1895年迄）
1896年(明治29年) 1月18日 霞ヶ浦地震（茨城県南西部)、M7・2 死者6人
1月9日 茨城県沖地震、M7・3
6月15日 明治三陸沖地震、M8・5 大津波死者行方不明21853人
8月31日 陸羽地震、M7・2 死者209人
1897年(明治30年) 2月20日 宮城県沖地震（仙台地震)、M7・4 地割、液状化、家屋倒壊被害
8月5日 三陸沖地震、M7・7 宮城・岩手県で津波被害
1898年(明治31年) 4月23日 宮城県沖地震、M7・2 宮城・岩手県津波被害
9月1日 石垣島東方沖地震、（多良間島沖地震） M7
1899年(明治32年) 3月7日 紀伊・大和地震、（フィリピン海プレート50㎞） M7 木ノ本、尾鷲で死者7人。三重県を中心に近畿地方南部で被害

20世紀前半（明治後半）、地球が地震活動期に入ったといわれる。
1904年から1999年の間、最大推定M9クラスの大地震が各地で発生。台湾2件、中国17件、千島列島等で死者・行方不明者100万人以上と言われる。

1900年(明治33年) 5月12日 宮城県北部地震、M7 死者1人他行方不明

1901年（明治34年）	8月9日	青森県東方沖地震、M7・2　死者18人
1902年（明治35年）	1月30日	青森県三八上北地方地震、M7　死者1人
1904年（明治37年）		日露戦争（1905年迄）
1905年（明治38年）	6月2日	芸予地震、M7・2　死者11人
	7月7日	福島県沖地震、M7・1
1909年（明治42年）	3月13日	千葉県房総沖地震、M7・5
	8月14日	姉川地震（江濃地震）、M6・8　死者41人
	8月29日	沖縄本島地震、M6・2　死者2人
	11月10日	宮城県西部地震、M7・6
1911年（明治44年）	6月15日	喜界島地震、M8　死者12人
1913年（大正2年）	2月20日	日高沖地震、M6・9
1914年（大正3年）	1月12日	桜島地震、M7・1　死者29人
	3月15日、	仙北地震、M7・1　死者94人
		第一次世界大戦（1919年迄）
1915年（大正4年）	1月6日	石垣島北西沖地震、M7・4
	3月15日	北海道十勝沖地震、M7　死者2人
	11月1日	宮城県沖地震、M7・5　岩手・宮城県に津波被害
1916年（大正5年）	11月26日	明石地震、M6・1　死者1人

1917年(大正6年)
5月18日 静岡地震、M6 死者2人

1918年(大正7年)
9月8日 択捉島沖地震、M8 死者2人

1920年(大正9年)
7月3日 茨城県沖地震、M6

1921年(大正10年)
12月8日 龍ヶ崎地震、M7 千葉、茨城県境、道路亀裂、家屋倒壊、液状化など

1922年(大正11年)
4月26日 浦賀水道地震、M6・8 死者2人
12月8日 島原地震(千々石湾地震)、長崎県橘湾地震、M6・9 死者・行方不明者多数

1923年(大正12年)
6月2日 茨城県沖地震、M7・1 銚子市他被害
7月13日 九州地方南東沖地震、M7・3 宮崎・鹿児島に被害
9月1日 関東大震災(神奈川地震)、M7・9 関東南部・山梨県震度6 死者・行方不明者10万5385人(1925年調査では14万2800人)日本災害史上最悪といわれる
同日、千葉県南東沖地震、M7・3 山梨県甲府市震度5、関東大震災の余震
9月2日 千葉県南東沖地震、M7・3 関東大震災余震

1924年(大正13年)
1月15日 丹沢地震、山梨県甲府市震度6 M7・3 死者19人
7月1日 北海道東方沖地震、M7・5

1925年（大正14年）
8月15日　茨城県沖地震、M7・2　福島県いわき市震度5など
12月27日　網走沖地震、M7
5月23日　北但馬地震、M6・8　兵庫県豊岡市震度6　火災発生被害大、死者428人

1926年（大正15年）
6月29日　沖縄本島北西沖地震、M7
8月7日　宮古島近海地震、M7　石垣島等被害

1927年（昭和2年）
3月7日　北丹後地震、M7・3
京都府宮津市と兵庫県豊岡市で最大震度6　死者2925人

1928年（昭和3年）
5月27日　岩手県沖地震、M7
青森市、岩手県宮古市、盛岡市などで被害、津波被害

1930年（昭和5年）
2月13日～5月31日　伊東群発地震　最大M5・9
10月17日　石川県大聖寺地震、M6・1　死者1人
11月26日　北伊豆地震、M7・3　静岡県三島市震度6　死者272人

1931年（昭和6年）
2月20日　日本海北部地震、M7・2　北海道、岩手から茨城まで
3月9日　三陸沖地震、M7・2　北海道、岩手、青森に被害
9月21日　西埼玉地震、M6・9　埼玉、群馬、栃木、茨城死者16人
11月2日　日向灘地震、M7・1　宮崎、熊本、山口被害　死者2人
満州事変、満州国建国

１９３２年（昭和７年）

９月23日　日本海北部地震、Ｍ７・１　北海道、青森、岩手

５月15日　５・15事件発生

１９３３年（昭和８年）

３月３日　三陸沖地震、Ｍ８・１　昭和三陸大津波、岩手、宮城、福島、茨城、死者３０６４人。この経験から宮古市田老町に防潮堤を建設したが、先の東日本大震災の津波で破壊された

６月19日　宮城県沖地震、Ｍ７・１　宮古市、石巻市、仙台市等被害

９月21日　能登半島地震、Ｍ６　富山市、輪島市等死者60人

１９３４年（昭和９年）

２月24日　硫黄島近海地震、Ｍ７・１　福島市、小笠原諸島、父島等津波被害

１９３５年（昭和10年）

７月11日　静岡地震、Ｍ６・４　静岡市震度６　死者９人

10月18日　三陸沖地震、Ｍ７・１　北海道、青森、岩手被害

１９３６年（昭和11年）

２月21日　河内大和地震、Ｍ６・４　京都府、大阪府、奈良県で震度５強、死者９人

２月26日　２・26事件勃発

11月３日　宮城県沖地震（金華山沖地震）、Ｍ７・４　仙台市、石巻市、いわき市など津波被害

12月27日　新島近海地震、Ｍ６・３　伊東市など死者３人

１９３７年（昭和12年）

２月21日　択捉島南東沖地震、Ｍ７・６　北海道函館市、釧路市、根室市、青森県青森市、八戸市など被害

戦前・戦中・戦後の時代背景から、ほとんど報道管制が敷かれ、実態が明らかにされなかった。

1938年（昭和13年）
10月17日　千葉県南東沖地震、M6・6
盧溝橋事件、日中戦争
5月23日　茨城県沖地震、M7　水戸市、石岡市、福島市、いわき市、猪苗代町で被害
5月29日　屈斜路湖地震、M6　釧路市、根室市、死者被害
6月10日　宮古島北西沖地震、M7・2　宮古島津波被害
9月22日　茨城県鹿島灘地震
11月5〜7日　福島県東方沖地震、塩谷崎沖地震、M7・7
東北・関東に津波被害、死者行方不明多数

1939年（昭和14年）
3月20日　日向灘地震、M6・5　高知、大分、熊本、宮崎で被害、死者行方不明
5月1日　男鹿地震、M6・8　秋田市と鷹巣通報所震度5　死者27人
ノモンハン事件、第二次世界大戦

1940年（昭和15年）
8月2日　積丹半島沖地震（神威岬地震）、M7・5　死者10人

1941年（昭和16年）
7月15日　長野地震、M6・1　長野市震度6　死者5人
12月8日　大東亜戦争（太平洋戦争）

1942～1943年（昭和17～18年）にかけて、戦局は戦勝ムードから劣勢となっていく。国民に知らされたのは、大本営発表で、途中、戦局が変わっても、勝っている旨の放送で欺いた。特に、終戦前後に、東南海大地震が発生、津波などで甚大な被害が発生しているにも係わらず、救助・復興などが思うに任せない状態であった。むしろ、米軍による撮影で被害状況を把握出来た面もあった。

1943年（昭和18年）

6月13日　青森県東方沖地震、M7・1　青森市、八戸市、北海道苫小牧市など被害

9月10日　鳥取地震、M7・2　鳥取市震度6　死者1083人
鳥取市の中心部は壊滅、古い町並み、木造家屋は全壊。家屋全滅7485戸、半壊6185戸、焼失251戸、被害総額当時で1億6千万円

1944年（昭和19年）

10月1日　長野県北部地震、M5・9　長野市、新潟県上越市、死者不明

12月7日　東南海地震（大東亜戦争中で完全報道管制）、M8
震源は三重県沖、静岡県御前崎市、三重県津市で震度6、伊豆から紀伊にかけて津波被害。死者1223人、特に、志摩半島以南熊野灘沿岸の町村で大きな被害。3日後の12月10日、米軍の偵察機が高度1万メートルから撮影、陸地には船が打ち上げられ、沿岸部の建物は殆どが流失。九州から東北・北海道までも強い揺れ。海洋プレー

1945年（昭和20年）

トの沈み込みとされた。

これにより、中島飛行機、三菱重工業などの軍需産業が壊滅的被害を受け、飛行機の生産が不可能となり、戦局は更に悪化する

1月13日　三河地震、M7・1　三重県津市を中心に被害一帯に大津波、死者・行方不明者2652人（戦時中報道管制）愛知県額田郡幸田町では延長20㎞の大規模な地震断層（深溝断層）が発生。軍需産業地域直下の地震につき、特に伏せられて謎の多い地震とされる

2月10日　青森県東方沖地震、M7・1　死者・行方不明者

8月6日　広島に原子爆弾、続いて長崎にも投下された

8月15日　終戦

1946年（昭和21年）

12月21日　4時19分、昭和南海地震、M8・1和歌山県沖震源、紀伊半島南方から四国沖に起った津波地震。千葉県房総半島沖から九州にかけて津波被害。死者・行方不明6603人。全半壊家屋3万5105戸、焼失家屋2598戸、戦後最大の地震被害でも終戦の混乱で被害実態は伝わらず同日、19時18分、択捉島南東沖地震、M7・1　釧路、根室市被害

1947年（昭和22年）

4月14日　択捉島南東沖地震、M7・1

１９４８年（昭和23年）

8月14日　キャスリン台風。利根川洪水、死者１２４８人、被害家屋８７４７戸

9月27日　与那国島近海地震、Ｍ７・４　石垣島被害　死者５人

4月18日　和歌山県南方沖地震、Ｍ７

和歌山県、徳島県、兵庫県淡路島など被害

6月15日　紀伊水道地震、Ｍ６・７　当会、近畿、徳島で被害、死者５人

6月28日　福井大地震（戦後最大と言われた）、Ｍ７・１　福井市震度６

死者・行方不明者３７６９人

この地震を機に気象庁は震度7を制定する

１９４９年（昭和24年）

7月12日　安芸灘地震、Ｍ６・２　中国、四国、九州など被害

死者・行方不明者など詳細不明

１９５０年（昭和25年）

12月26日　今市地震、Ｍ６・４　茨城、栃木、埼玉に被害、死者10人

朝鮮戦争（１９５３年迄）

以後、戦争からの復興期を迎えるが、災害はつづく。

１９５３年（昭和28年）

9月25日　台風13号。志摩半島、死者３９３人、行方不明者85人、

全壊５９８９戸、流失２６１５戸

１９５８年（昭和33年）

9月27日　伊豆狩野川台風、死者６７３人、行方不明者１９０人、

1959年（昭和34年）

9月21日

損害家屋1594戸

マリアナ諸島の東海上で発生した伊勢湾台風が、9月26日18時頃、潮岬に上陸し、紀伊半島から東海地方を中心とし、ほぼ全国にわたって甚大な被害をもたらした。この事態を受け、1961年（昭和36年）に災害対策基本法が制定され、今日に至っている。実に、終戦後16年も経過していた。この間、相変わらず各地で地震が発生し被害が出たが、以後平成の活動期まで、地震静穏期に入ったとされる

37　地図のデジタル化と平和利用――地理・地図教育の変化

戦後の復興と成長は目覚ましいものがある。我が国の地図作りの体制も、21世紀初頭、省庁再編により国土交通省国土地理院の発足で、更なる進展を続けている。

国土建設、土地利用、インフラ整備、観光振興、災害対策等々世界でも高水準にある。測量技術も、三角点測量、水準点測量、航空測量から、現在は全国約1300か所に上る電子基準点を設置し、GPS（全地球測位システム）、VIBI（超長基線電波干渉法）という、人工衛星や電波を利用した方法となった。それは火山や地震の時にも活躍するし、地形の変化は勿論、環境地図として動物の分布、水質調査、カーナビゲーションシステム、携帯電話、土地建物の権利状況等々利用状況は幅広い。

また、我が国の国土を表す様々な地理空間情報の整備・提供を行っている。デジタル化以前は、地形図など紙地図を買い求めなければならなかった。現在は、ホームページで地理院地図にアクセスすれば、利用したい地図が出る。その代り、紙地図の販売が年々減少している。

これらは、電子基準点、GPS利用による測量で、筑波研究学園都市の国土地理院が、24時間リアルタイムに測量・記録している。刻々と変わる列島の地殻変動を捉え、大地震の予知や火山噴火予知なども行なっている。従来定説となっていた「新潟県糸魚川―静岡構造線」ではない、「新潟―神戸」を結ぶ幅数10／200㎞の帯にあるとする研究成果を国土地理院から地震予知連絡会に報告された。国の地震予知体制に影響を与える研究成果である。また、日本列島も隆起、沈降、ズレが頻繁に起こっており、地形図の修正も行われる。

しかし、このGPSも当初は軍事目的で打ち上げられた人工衛星である。近代古地図やつい先頃までは、航空測量を始めとする測量技術がものをいってきたが、このGPS測量も軍事利用から平和利用に大きく変わろうとしている。我が国も平和利用目的のため人工衛星が打ち上げられている。これらの測量技術の向上は地形図のデジタル化とデータベース化、更にITの時代に入り一段と平和利用が進んでいる。

地図は、昨今ともすると目的地に行くための利用、商業利用が一般的な認識になっている。学界、専門家だけでなく、多くの国民が地図をもっと知ることが、生きる為に必要な知識であることを知って欲しい。

学歴社会と詰め込み教育の弊害とはいえ、地理・地図教育も疎かにせず、宇宙を知り、地政学、地経学を知り、世界平和、環境問題などに取り組んで欲しい。

文部科学省「中学校新学習指導要綱」での中学校社会科地理的分野の構成を見ると、

世界と日本の地域構成　地域構成
世界の様々な地域　世界各地の人々の生活と環境　世界の諸地域
日本の様々な地域　日本の諸地域　地域調査の手法
日本の地域的特色と地域区　地域の在り方

などとなっており、地理院地図が大きく関係することになる。

高校では、これまで地理（地理Ａ・地理Ｂ）は選択科目であったのが、新しい必須科目「地理総合」と選択科目「地理探求」に再編される。その中でも特に注目されるのが、２０２２年度から高校必須化が決定し、全ての高校生が学ぶことになる日本史と世界史を融合した「地理総合」である。

地図や地理情報システムで捉える現代社会
国際理解と国際協力　生活文化の多様性と国際理解　地球的課題と国際協力
持続可能な地域づくりと私たち　自然環境と防災　生活圏の調査と地域の展望

これは、地図やＧＩＳ（地理情報システム）を大きな柱としている。

２０１８年（平成30年）７月17日、文部科学省は、２０１９年度から高校の地歴公民や家庭科などで次期指導要領の内容を前倒しで教える移行措置を発表した。地歴公民では、次期指導要領で「固有の領土」と初めて明記された北方領土、竹島、尖閣諸島を指導する。やっとここまできたか、という感がする。

このように、デジタル化された地理院地図は新しい地理教育が展開されていき、なおさら国土地理院への期待も大きくなる。

なお、国際地図学会が日本地図学会の主催で、２０１９年（令和元年）7月15日~20日、東京都青海の「日本科学未来館」で開催される。世界各国から地図学者約５００名を招き、日本地図学会約６００名、計１１００名が集い、地球・宇宙規模での地理・地図について意見交換が行われる。令和元年に相応しい学会となるであろう。

参考文献

測量地図百年史　国土地理院監修・社団法人日本測量協会発行
「地圖」が語る日本の歴史　大東亜戦争終結前後の測量・地図史秘話　菊地正浩（暁印書館）
総合歴史年表　日地出版㈱編
大東亜戦争の総括　歴史検討委員会編　展転社発行
「歴史の証人・地図」～大東亜戦争を語る　菊地正浩（有限会社ケイエスケイ）
「歴史の証人・地図は語る」　菊地正浩（有限会社ケイエスケイ）
「和紙の里　探訪記」　菊地正浩（草思社）
「地図で読む東京大空襲」　菊地正浩（草思社）
「戦争と地図」～外報図が語る大東亜共栄圏　菊地正浩（草思社）
日本地圖㈱25年史　日地出版㈱編
地圖出版業ノ企業整備経過要綱議事録　発起人総代亀井豊治編
日本地圖㈱設立登記関係書類一式
日本地圖㈱定款
大日本帝国参謀本部陸地測量部発行五万分の一地形図、同二十万分の一地勢図他
内務省地理調査所発行五万分の一地形図・同二十万分の一地勢図他
第一軍管地方迅速測図　参謀本部陸地測量部
太平洋戦争戦史地図・陸・海軍戦力喪失　日本地図㈱発行
日本地名大百科　小学館発行
「運命の山下兵団」　栗原賀久（講談社）

「世界地理風俗大系」　新光社
「日本の古地図」　創元社
「東南アジアの弟たち―素顔の南方特別留学生」　上遠野寛子（暁印書館）
戦災焼失区域表示　コンサイス東京都35区区分地図帖　日本地図㈱
参謀本部陸地測量部外報図総合目録　（忠敬堂）
大東亜南方圏地圖帖　附地誌概況並地名索引　日本統制地圖㈱
「日本人の源流をさぐる―民族移動をうながす気候変動」　西岡英雄（セントラル・プレス）
「日本古地図集成」（鹿島出版会）
「民族考古学」　西岡英雄（ニュー・サイエンス社）
「山ゆかば草むす屍」　財団法人日本遺族会
「太平洋戦争決定版」１‐９巻　歴史群像シリーズ（学研パブリッシング）
「１９４５、昭和20年　米軍に撮影された日本」　一般財団法人日本地図センター
サムライマップ―世界の核被害―　ＮＰＯ法人世界ヒバクシャ展

あとがき

21世紀を迎えた今日、人間は相も変わらず世界各地で戦争をしている。19～20世紀にかけて、あれだけ戦争をしたのに懲りていない。民俗、宗教、テロなどの紛争が多いが、中味は大国の代理戦争といえる。まさに隙あらばと、地政学上、地経学上からくる覇権争いである。今や、世界情勢はユーラシアランドパワーとシーパワー即ち陸・海・空軍の時代から、サイバー、人工衛星、宇宙軍創設などによる戦い、しかも、無人機やロボットによる戦いに入った。

一方で、先の大戦を経験し、特に終戦前後の苦汁を味わった人々もまだ多い。筆者もその一人である。戦後75年を前にして、自分自身に区切りをつけ、後世へ参考の一助になればと思い、所蔵の古地図や資料を駆使して書き上げた。

現代は、かつての紙地図時代の統制や行列を作って並び買い求めることもない。デジタル化された地理情報システムにより、インターネットで情報がとれる。

今後は、古地図として所蔵しなくても、デジタル情報で新旧の比較も可能になった。

地図は戦争の愚かさ、悲惨さを正直に表わしている。このような地図を二度と作成してはならないし、平和利用だけにして欲しい。本書では、我が国を中心にした大東亜共栄圏について素直に記述した。出来るだけ語り継ぎとなるような内容で、かつ自分の思いのたけを表現した。実際には第二次世界大戦であり、ヨーロッパ大陸を中心とした激戦、悲劇も多く、沢山の犠牲者も出て、今なお傷跡を負っている。本書では紙面

にしたいと思う。

みの関係でそれらを省くことにしたが、機会があれば、いつの日にか地図展をしてご高覧賜われるよう楽しみにしたいと思う。終わりに本書刊行を引受け、お力添えとご指導下さった暁印書館の早武康夫社長と編集者上遠野リツ子氏に深謝申し上げて筆をおく。

２０１９年4月22日

菊地正浩

菊地正浩（きくちまさひろ）■ 著者略歴

埼玉県蕨市在住
ノンフィクションライター・旅ジャーナリスト
昭和 14 年（1939）東京都出身　専修大学法学部
三井住友銀行（旧三井銀行）、㈱ゼンリン、日地出版㈱等を経て
現在　㈲ケイエスケイ（菊地総合企画）代表取締役　他
日本地図学会会員
一般財団法人日本地図センター　地図専門指導員
旅ジャーナリスト会議　理事
特定非営利活動法人日本トイレ研究所　防災トイレアドバイザー

主な著書

「歴史の証人・地図」～大東亜戦争を語る～
「歴史の証人・地図は語る」
「地圖が語る日本の歴史」～大東亜戦争終結前後の測量・地図史秘話～
「和紙の里　探訪記」
「地図で読む東京大空襲」
「戦争と地図」～外邦図が語る大東亜共栄圏～
童謡の郷を訪ねて　　ちょっといい旅いい温泉など
地図の機関紙や旅のガイド、雑誌などに執筆や講演活動

古地圖は歴史の証言者
大東亜戦争と災害を語る

令和元年 5 月 30 日　初版発行

著　者　菊地正浩
発行者　早武康夫
発行所　暁印書館
〒 185-0021　東京都国分寺市南 3-26-8
電 話　042-312-4103
FAX　042-312-4107

検印廃止・落丁乱丁本はお取替えいたします。
ISBN 978-4-87015-179-6　C 0025

暁印書館

東南アジアの弟たち 素顔の南方特別留学生

上遠野寛子 著

●定価：本体二〇〇〇円＋税

ISBN978-4-87015-147-2

軍医のみた大東亜戦争 インドネシアとの邂逅

福岡 良男 著

●定価：本体二六六七円＋税

ISBN978-4-87015-150-2

クァンガイ陸軍士官学校 ベトナムの戦士を育み共に闘った9年間

加茂 徳治 著

●定価：本体二〇〇〇円＋税

ISBN978-4-87015-163-5

「地圖」が語る日本の歴史 大東亜戦争終結前後の測量・地図史秘話

菊地 正浩 著

●定価：本体一八〇〇円＋税

ISBN978-4-87015-160-4